Tim Hagemann

Die Kunst der Arbeit

Ein Pfad durch den Dschungel
beruflicher Anforderungen
in 12 Kapiteln

www.kunstderarbeit.de

Die Deutsche Nationalbibliothek verzeichnet diese Publikation in der Deutschen Nationalbibliografie (www.dnb.de).

ISBN 978-3-948575-86-1

Überarbeitete Auflage
Leopoldstr. 2-8
32051 Herford
www.polyvalenz.de

Inhaltsverzeichnis

Vorwort

Zur richtigen Zeit
am richtigen Ort
das Richtige tun
das ist Kunst.

Joseph Beuys

ars & téchne

Während das lateinische Wort für Kunst „ars" die Kunstfertigkeit betont, steht der griechische Begriff „téchne" für das Können der Handwerker, welche als „tekton" bezeichnet wurden.

„Kunst" leitet sich vom germanischen *kunnana* ab und bedeutet „wissen, wie man etwas macht". Kunst kommt also von „Können" und beinhaltet Wissen, Techniken, Übung, aber auch Intuition. Die fachlichen Künste der Arbeit werden heute in berufsspezifischen Ausbildungen erworben. Aber kunstvolle Arbeit meint mehr als das. Es bedeutet, mit vielfältigen Gedanken- und Gefühlswelten und fortwährenden Veränderungen umzugehen.

Dieses Buch setzt sich mit typischen Anforderungen heutiger Arbeitswelten auseinander. Es richtet sich an Angestellte, Selbstständige, Praktikanten, Auszubildende und Führungskräfte – egal ob in Industrie, Dienstleistung, Handwerk oder Sozialwesen. Denn trotz aller Vielfalt gibt es einen gemeinsamen Kern: Arbeit ist ein Schlüssel, am Leben teilzunehmen und Sinn und Zufriedenheit zu erfahren. Auch wenn psychische Arbeitsbelastungen und die gesundheitlichen Risiken in den Fokus rücken, so ist „in Beschäftigung zu sein" Voraussetzung für Wohlbefinden und Gesundheit.

Die ersten Ideen zu diesem Buch entstanden 2011 nach einem „*Zeit-Online*"-Interview zum Thema Arbeit und Sinn. Meine Aussagen trafen scheinbar einen Nerv. Sie wurden kontrovers kommentiert, in Schulbüchern abgedruckt und Verlage fragten, ob dazu nicht eine längere Publikation interessant wäre. Es bedurfte einiger Wendungen und Jahre, bis daraus das vorliegende Buch entstand.

Das Ergebnis veranschaulicht wissenschaftliche Einblicke und Erkenntnisse über die Lebenswelt der Arbeit. Nach welchen Prinzipien lassen sich Arbeitsprozesse optimal gestalten? Wie können Fehler vermieden werden? Wie gestaltet sich eine arbeitsförderliche Unternehmenskultur? Was sind die Merkmale einer erfüllenden und gesunden Arbeit? Wann erleben wir einen Arbeitstag als befriedigend? Mit welchen Strategien können wir verschiedene berufliche Problemstellungen meistern? Wie können äußere und innere Leistungsbarrieren abgebaut werden? Wie überwinden wir Ablenkungen und innere Schweinehunde? Welche Strategien wirken in einem hierarchischen Gefüge? Was fördert Leistung und Innovation? Wie balancieren wir Arbeit und Familie? Wie gestaltet sich eine gesundheitsförderliche Lebensarbeitszeit? Kurzum: Welche Techniken fördern die Kunst der Arbeit?

Heutige Arbeitswelten sind durch vielfältige teils lähmende Details und Regelungswut geprägt. Es ist wichtig, die großen Linien nicht aus den Augen zu verlieren.

In diesem Buch werden Strategien für Einzelne und für die Arbeit im Team beschrieben. Es richtet sich an Mitarbeitende ohne und mit Führungsverantwortung. Dieses Buch ist kein Management-

Ratgeber, sondern ein Experiment, arbeitswissenschaftliche Erkenntnisse und Prinzipien für den Arbeitsalltag praktisch nutzbar zu machen. Das vorliegende Buch soll spannend und unterhaltsam sein und nicht als saftlose Ratgeberliteratur daherkommen. Die Grundlagen bilden meine wissenschaftlichen Tätigkeiten als Arbeits- und Gesundheitspsychologe, als Unternehmensberater und Gutachter, aber auch als Mitarbeiter in verschiedenen Positionen.

Im Beruflichen wird oftmals unvorteilhaft gehandelt, denn in dem emotionalen Gefüge von Lust, Sympathie und Zuneigung, aber auch von Ängsten, Bequemlichkeit, Neid und Missgunst, reagieren wir impulsiv. Eine Facette der Kunst der Arbeit ist deshalb die Fähigkeit, an Vorsätzen gegen widerläufige, verlockende Impulse festzuhalten. Die Arbeit zu unterbrechen, um eMails zu prüfen, ist kurzfristig anregend, aber langfristig zermürbend, da die eigentliche Aufgabe leidet. Sich ungerecht behandelt zu fühlen, ist ein befreiendes Gefühl, um mit gutem Gewissen einer notwendigen Auseinandersetzung mit sich und anderen aus dem Weg zu gehen. Eine Dokumentationsanforderung, die als sinnlos erlebt wird, auszuführen, ist der Weg des geringsten Widerstands, aber frustrierend. All das ist zutiefst menschlich, aber für ein zufriedenes Arbeitsleben hinderlich.

Solche und andere Einsichten und Erkenntnisse verpuffen oft ohne praktischen Nutzen. Mehr noch: Die Korrelation zwischen Wissen und Verhalten ist geringer als allgemein hin angenommen. Das heißt: Wir handeln in einer ungünstigen Weise, obwohl wir genau wissen, dass es bessere Alternativen gibt. Unser ungebremstes Konsumverhalten trotz drohendem Klimakollaps ist dafür ein trauriges Beispiel.

Ähnlich verhält es sich in der Arbeitswelt. Es herrscht kein Mangel an Rat und Instrumenten – wir sind nur selten motiviert, diese um- oder einzusetzen. Hier setzt das vorliegende Buch an. Es soll den gordischen Knoten „vom Wollen zum Tun" durchschlagen. Ich möchte mit diesem Buch und den unterstützenden Arbeitsmaterialien die Leserin und den Leser überzeugen und ermutigen, neue Strategien und Methoden im Arbeitsalltag anzuwenden. Dieses Buch bildet dabei den groben Leitfaden durch die Kunst der Arbeit – viele Themen werden in den begleitenden Multimedia-Beiträgen anschaulich dargestellt und vertieft.

Grundsätzlich sind wir nur bereit, unsere Arbeitsweisen zu überdenken und zu ändern,

→ wenn wir verstehen, warum? Welchen Vorteil ziehen wir daraus? Ich möchte hier mit guten Argumenten – basierend auf wissenschaftlichen Erkenntnissen – überzeugen.

→ wenn wir glauben, Vorschläge erfolgreich umsetzen zu können. Ich möchte Sie ermuntern, Kniffe, Haltungen und Techniken im Arbeitsalltag auszuprobieren und sich von deren Nutzen zu überzeugen. Hierzu werden zahlreiche Techniken in kurzen Videos – sogenannten *empaclips* – beschrieben.

→ wenn wir wissen, wie wir unsere inneren Schweinehunde vor einen Arbeitsschlitten spannen und auch im unwegsamen Gelände auf Kurs bleiben können. Hier haben sich in verschiedenen Forschungsfeldern nützliche Strategien gezeigt. Nicht zuletzt das abschließende Kapitel dieses Buches widmet sich dieser Herausforderung.

Psychologen, Soziologinnen, Geisteswissenschaftler und Naturwissenschaftlerinnen haben fruchtbare Ansätze zum Verständnis von Arbeitswelten und der darin wirkenden Menschen formuliert. Diese werden in der einschlägigen Literatur ausführlich diskutiert – aber es wird versäumt, die Kerngedanken mit Praxisbezügen in den beruflichen Alltag zu überführen. Ich möchte mit diesem Buch die Sinnhaftigkeit und die Wirkung arbeitswissenschaftlicher Ideen darstellen und Sie dafür gewinnen, gewohnte Haltungen zu überdenken und Neues auszuprobieren. Ich werde Phänomene aufzeigen, die ein erfüllendes Arbeitsleben fördern oder diesem im Wege stehen.

Ich möchte zu einem „inkrementellen" Vorgehen verleiten – also einer Veränderung in kleinen Schritten, mit der sich für die Arbeitswelt nützliche Verhaltensstrategien umsetzen lassen.

Dieses Buch beschreitet multimediales Neuland. Viele Methoden und Instrumente werden nicht im Text, sondern anschaulich in kurzen *empaclips* dargestellt. Auf der das Buch begleitenden Internetseite *kunstderarbeit.de* werden vielerlei Materialien regelmäßig aktualisiert und ergänzt.

Dieses Buch ist zudem keine Einbahnstraße, sondern interaktiv gestaltet. Ihre Fragen werden aufgegriffen und in *empaclips* beantwortet. Zudem können Sie auf diverse Materialien und Instrumente zurückgreifen. Dazu finden Sie an verschiedenen Stellen weiterführende *links*.

Verzeichnis der *empaclips*

Die multimedialen Ergänzungen des Buches finden sich im Internet unter *empaclip.de/Nr.*
Beispielsweise der *empaclip* „Von Adam zu Robota" unter *empaclip.de/10*

1

Was Arbeit mit uns macht – ein kurzer geschichtlicher Abriss

Welche Bedeutung hat Arbeit in unserer Gesellschaft? Unsere Erwartungen und Einstellungen haben sich deutlich verändert. Es ist heute eine Kunst, den vielfältigen Wahlmöglichkeiten, Lebensentwürfen und Anforderungen gerecht zu werden.

Wenn Gretchen noch wissen wollte, wie es Faust mit der Religion halte, bevor sie sich mit ihm einließ, müsste Faust heute die Frage bestehen, was er denn so beruflich mache. Erst dann scheinen wir befriedigend zu wissen, mit wem wir es zu tun haben. In Abhängigkeit von unserer Berufswahl werden wir in eine Schublade gesteckt. Berufe gehen in unserer Gesellschaft mit Bewertungen einher und wir können nicht umhin, diese auf die Personen, die diesen Beruf ausüben, zu übertragen. Tätigkeiten, die ein soziales Engagement verlangen, ein gutes Einkommen versprechen oder großer Kreativität bedürfen, erfreuen sich hoher Anerkennung. Ein (moderner) Klassiker ist dabei der Arztberuf, der neben seiner sozialen Verantwortung ein sicheres materielles Auskommen verspricht. Dem war nicht immer so, galten doch viele Heiler und Heilerinnen bis zur Erfindung des Penizillins als Scharlatane. Und vermutlich war es bis zum Ende des 19. Jahrhunderts gesünder, einen Arztbesuch samt obligatorischem Aderlass zu umgehen. Heute leiden Bankangestellte unter Ansehensverlust – galt dieser Beruf lange Zeit als seriös, sicher und gut bezahlt, überwiegen nun negative Schlagzeilen.

Die Wahl unseres Berufes prägt unser äußeres Bild mehr als vieles andere aus unserer Biografie. Vor tausend Jahren machte es im hiesigen Siedlungsraum wenig Sinn, Menschen nach ihrem Beruf zu fragen, neun von zehn hätten „Bauer“ geantwortet. Und der Rest wäre stolz darauf gewesen, als Feudaler keiner Erwerbstätigkeit nachzugehen. Für die einfache Bevölkerung bot sich zur bäuerlichen Alternative ab und zu der Kriegsdienst, der aber wie auch der Kirchendienst überwiegend das Privileg der Adeligen war. Die Menschen, die für ihr Überleben arbeiten mussten, wurden seit der Antike bedauert. Und wohl nicht ohne Grund bedeutet das Wort „Arbeit" im Alt- und Mittelhochdeutschen „Strapaze" oder „Mühsal", ebenso wie sein englisches Pendant „labour". Das französische Wort für Arbeit „travail" leitet sich gar von einem Folterinstrument ab.

Die Anfänge dieser menschlichen Mühsal hatten mit der Beschaffung von Nahrung zu tun. Viele frühe bildliche Darstellungen zeigen Jagdszenen sowie Werkzeuge für die Jagd, den Ackerbau oder die Essenszubereitung.

Abbildung 1: Felsritzung einer Jagdszene in der Nähe von Bohuslän in Schweden – Foto: Erlend Bjørtvedt

Aber vielleicht sollten wir erst ab dem Zeitpunkt von Arbeit sprechen, an dem sich die unmittelbare Belohnung, die unsere Vorfahren beim Jagen und Sammeln von Nahrungsmitteln erzielten, auf ein fernes Versprechen in der Zukunft verlegte und somit eine planvolle Tätigkeit zuvor unabdingbar machte. Das heißt: Die zu erbringenden Mühen wurden erst in der Zukunft belohnt – wie dies in der Landwirtschaft und in der Viehzucht der Fall ist. Diese Tätigkeiten erfordern ein ausgeklügeltes Zeit- und Prozessmanagement, bei dem es gilt, festgelegte Arbeitsschritte in bestimmten Jahreszeiten und in einer strengen Reihenfolge auszuführen. Durch diese Tätigkeiten griff der Mensch beherzt und nachhaltig in gesellschaftliche Strukturen und die Umwelt ein und der Lebensstil veränderte sich in Wechselwirkung mit diesen Wandlungen.

Menschen schufen in Abhängigkeit von der Bearbeitung ihrer Umwelt eine spezifische (Arbeits-) Kultur. Diese Kultur, also bestimmte Arbeitsweisen und deren Produkte, entsteht dabei in Reaktion auf die Lebensumstände einer Gemeinschaft und soll helfen, das Überleben zu sichern. Früher rangen die „Kulturschaffenden" dabei mit Wetterkapriolen, Kartoffelkäfern und dem Fronherrn, heute mit gesetzlichen Auflagen, den Normanforderungen eines Qualitätsmanagements oder den Marotten einer Führungskraft.

Ab dem Mittelalter bildeten sich allmählich alternative Berufsbilder heraus, vornehmlich im Handwerk. Diese waren die Berufe des Böttchers, Fleischers, Müllers, Schmieds, Wagners, Schneiders, Webers oder Zimmermanns. Weitere frühe Beschäftigungen waren der des Wandersängers, des Scharfrichters, der Hebamme oder des Heilers. Viele dieser Tätigkeiten wurden schon immer ausgeführt, aber selten spezialisiert durch einen Einzelnen. Denn erst mit dem Aufkommen größerer Siedlungen und Städte gab es genug Arbeit für Spezialisten und Spezialistinnen und die Zeitgenossen von einst erkannten wohl, dass es Sinn machen könnte, einen „Profi" mit bestimmten Tätigkeiten zu beauftragen. Es kam hinzu, dass diese Berufe nun systematisch erlernt wurden und von einer bestimmten Gruppe ausgeübt wurden. Aufgrund dessen entwickelte sich ein spezifisches Berufsethos und ein gesellschaftlicher Ruf. Die ersten Verbände und Regulierungsinstanzen in Form von Zünften und Gilden mit ihren bürokratischen Anforderungen ließen nicht lange auf sich warten.

Berufsbilder im Mittelalter

Werner, J. (1990). Du Müller, du Mahler, du Mörder, du Dieb! Berufsbilder in der deutschen Literatur.

Im Mittelalter hatten diese verschiedenen Berufe ein unterschiedliches Ansehen. Menschen, deren Tätigkeiten als „unehrenhaft" angesehen wurden, mussten sich Diskriminierungen gefallen lassen. Zu diesen gehörten beispielsweise die „Hausiererberufe" wie Lumpensammler oder Kesselflicker, aber auch Müller galten als verdächtig. Ihnen wurden Betrügereien beim Getreidemahlen und so manch anderes Verwerfliche in ihren abgelegenen Mühlen vorgeworfen. Ebenso galten Schneider als hintertrieben, die angeblich gerne mal etwas von dem, was sie ändern oder nähen sollten, verschwinden ließen. Auch mit Scharfrichtern, Totengräbern oder Abdeckern wollten die Menschen damals nicht viel zu tun haben. Menschen mit diesen Berufen mussten an ausgewiesenen Orten außerhalb der Siedlungen leben, durften nur innerhalb ihrer Gruppe heiraten und hatten keine Chance, in einen „ehrenhaften" Beruf zu wechseln.

Über die Zeit veränderte sich allerdings das Verhältnis zu den Berufen. Arbeit wurde ein Mittel der Selbstbestimmung und ein Weg, der für viele Menschen den Weg ebnete, sozial aufzusteigen und zu Ansehen oder sogar Macht und Reichtum jenseits des Standes zu kommen. Neben dem Handwerk wurde – in einer sich durch Handelsrouten vernetzenden Welt – der Warenaustausch immer wichtiger. Viele Kaufleute und Besitzer von Handwerksbetrieben wurden wohlhabend und gewannen gesellschaftlichen Einfluss.

Ab der zweiten Hälfte des 18. Jahrhunderts wurde eine tiefgreifende, dauerhafte und bis in unsere Gegenwart hineinspielende Veränderung durch die industrielle Revolution ausgelöst. Wenn die Arbeitswelt bis dahin durch kleine Betriebe geprägt war, in denen Arbeits- und Wohnstätten räumlich zusammenfielen, so entstanden nun riesige Produktionshallen, in denen fremdbestimmte Industriearbeiter sich in ein festes Organisationsprinzip einordnen mussten. Die neuen Arbeitsorganisationsformen nach Frederick Winslow Taylor und die Einführung der Fließbandarbeit durch Henry Ford prägten die neue Art von Massenarbeitsplätzen. Bis zu einem gewissen Grad wiederholten sich hier die Abhängigkeiten des vormaligen Frondienstes – die Arbeiter und deren Familien opferten ihre Lebenszeit für einen „Herrn" und bekamen dafür Essen und Unterkunft. Nun galt der Fron nicht mehr den Adligen, sondern den Fabrikanten. Auch wenn sich durch die Einführung von Sozialleistungen die Arbeitsbedingungen zaghaft verbesserten, setzten eine neue Form von Beschäftigungsverhältnissen und insgesamt ein anderer Wert der Arbeit erst nach dem Zweiten Weltkrieg ein.

Die damit einhergehende Automatisierung führte zu einer steten Abnahme der körperlichen Belastungen bei gleichzeitiger erhöhter Produktivität. Nun konnte ein wirtschaftlicher Aufschwung mit humanen Arbeitsbedingungen erreicht werden und für die Arbeitenden bedeutete dies: Mehr Geld und Freizeit. Zudem wurde erkannt, dass in einem Zeitalter der Massenproduktion auch eine Masse an Gütern konsumiert werden muss. Die Arbeitenden waren nicht nur für die Produktion bedeutsam, sondern auch als Konsumenten. Neben der betrieblichen Mitbestimmung war diese Erkenntnis wohl der wichtigste Motor für eine deutliche Verbesserung der Arbeits- und Lebenssituation vieler. Vielfältige Initiativen und Gesetze sorgten dafür, Arbeit gesünder und ansprechender zu gestalten. Als Leitlinie sollte sich nicht mehr der Mensch an die Arbeit, sondern die Arbeitsbedingungen an die Bedürfnisse des Menschen anpassen.

Nach dem Zusammenbruch infolge des Zweiten Weltkrieges hatten die Menschen ein großes Bedürfnis nach Sicherheit. Entsprechend waren Berufe, die ein sorgloses Auskommen und ein bürgerliches Leben versprechen, begehrt. Dann kamen die 68er, deren Protagonisten nach Selbstverwirklichung strebten. Nicht mehr so sehr die materielle Sicherheit stand nun im Mittelpunkt der Berufswahl vieler, sondern man wollte durch die Tätigkeit etwas Sinnvolles für sich und die Gesellschaft erreichen. Dazu entstanden vielerlei neue Berufsbilder, insbesondere im sozialen und kreativen Bereich. Arbeit, die lange Zeit dazu diente, das Überleben der Familie zu sichern, wandelte sich für viele in ein Mittel zur Befriedigung individueller Bedürfnisse. Ob Berufe in Werbung, Medien oder Pädagogik – auf einmal ging es um Selbstverwirklichung und Weltverbesserung. Parallel dazu sorgte die Emanzipation für neue Lebensentwürfe. Frauen mussten sich nicht mehr mit der Rolle als Hausfrau und Mutter oder mit schlecht bezahlten Tätigkeiten begnügen. Mit den Wahlmöglichkeiten stieg jedoch die Erwartungshaltung, etwas aus dem eigenen Leben zu machen. Es ging nicht mehr nur darum, einen Beruf zu ergreifen, sondern darum, etwas Sinnvolles zu tun und gleichzeitig materiell abgesichert zu sein. Einen Höhepunkt erreichte diese Ära, als 1998 die rotgrüne Koalition die Regierung übernahm – der Marsch durch die Institutionen war vollzogen.

Zeitgleich erlebte der bis dahin kontinuierliche Wirtschaftsaufschwung einen Dämpfer. Wirtschaftliche Krisen und ein zunehmender Konkurrenzdruck aus Billiglohnländern führten zu notwendigen Kostensenkungen und Personalabbau und schließlich zu einer hohen Arbeitslosigkeit. Eine Flexibilisierung des Arbeitsmarktes und enorme Effizienzsteigerungen führten wieder zu steigender Beschäftigung, aber auch zu hoher Arbeitsdichte und vielen Unsicherheiten im Arbeitsleben. Diese Anpassungen konnten nicht verhindern, dass traditionelle „Jobmotoren" wie die Textilproduktion, der Bergbau oder die Stahlproduktion wegfielen. Viele Menschen verloren die Gewissheit, dass eine lange Betriebszugehörigkeit ein Garant für eine Beschäftigung darstellt. Die Sicherheit, dass der einmal gewählte Beruf bis ins Rentenalter führt, scheint für immer weg. Exportüberschüsse und ein wachsender Dienstleistungssektor führen aktuell zu unerwartet hohen Beschäftigungsquoten. Allerdings unterliegt die Arbeitswelt einem enormen Kosten- und Veränderungsdruck. Zahlreiche Arbeitsverhältnisse bleiben, trotz Mindestlohn und Fachkräftemangel, tariflich und vertraglich prekär.

Auf der anderen Seite können Menschen heute zwischen vielfältigen Lebens- und Arbeitswegen wählen. Die Möglichkeiten zur beruflichen Entfaltung sind scheinbar unbegrenzt, denn durch eine stetige Differenzierung wachsen die beruflichen Möglichkeiten und Arbeitsorte ins Unermessliche. Die geeignete „Berufung" zu finden, ist heute eine der wichtigsten Herausforderungen im menschlichen Leben. Eltern, Medien, Schulen, Universitäten und Ausbildungsstätten bereiten den Menschen eingehend darauf vor. Schüleraustausch nach Frankreich, Studium in London, Praktikum in Shanghai und ein Volontariat in New York werden zu Elementen gewöhnlicher Lebensläufe. In der Welt der scheinbar unbegrenzten beruflichen Möglichkeiten müssen wir lediglich die richtigen Qualifikationen erwerben und flexibel sowie engagiert sein, um alles erreichen zu können.

Die Kehrseite dieser vermeintlichen Freiheit ist, dass jegliches Scheitern auf den Einzelnen zurückfällt. Niemand drängt einen, einer bestimmten Tätigkeit nachzugehen. Konnte man vor einigen Jahrzehnten noch gesellschaftliche Restriktionen oder die Erwartungen der Eltern für unerfüllte Berufswünsche verantwortlich machen, hängt nun alles von der eigenen Person ab. Und wer mit der beruflichen Situation unzufrieden ist, hat selbst schuld, weil er oder sie die dargebotenen Alternativen nicht ergriffen haben. Bei näherer Betrachtung zeigt sich allerdings, dass dabei keine Chancengleichheit besteht. Kinder aus Arbeiterfamilien sind nach wie vor an den Universitäten deutlich unterrepräsentiert [‹›].

Gleiche Chancen für alle?

Der OECD-Bericht von 2015 zeigt ein anderes Bild *www.bmbf.de/files/OECD_Education_at_a_Glance_2015.pdf*

Und wer durchschaut schon die tatsächlichen Aussichten, die mit den 18.000 Studiengängen an deutschen Hochschulen einhergehen? Lange wurde vom Medizinstudium oder dem Lehrerberuf abgeraten, denn alle Experten prognostizierten fälschlicherweise eine Ärztinnen- und Lehrerschwemme. So sind wir in dem Dilemma uneingeschränkter Selbstverantwortung einerseits und einem undurchschaubaren Gewirr von beruflichen Möglichkeiten andererseits gefangen. Obendrein schwebt nun das Gespenst der Digitalisierung und Arbeit 4.0 über uns – und kein Mensch weiß, was diese für zukünftige Arbeitswelten bedeuten werden.

Der Lebensbereich der Arbeit wird also fordernder,

und zugleich behält der Beruf einen hohen Stellenwert im Leben. Er ist prägend für die Identität und Lebenszufriedenheit und weist eine gesellschaftliche Stellung zu. Zunehmend ist die Vereinbarkeit von Familie und Job bei der Berufswahl ein weiteres Entscheidungsmerkmal. Ein Beruf muss heute erfüllend sein und ein gutes materielles Auskommen sowie Freiräume für die Familie sicherstellen – freilich in dem Umfeld schneller Veränderungen und eines hohen Konkurrenz- und Marktdrucks von allen Seiten. Dies geht nur im Zuge eines lebensbegleitenden Lernens.

Diese vielfältigen Anforderungen auszubalancieren, ist die Kunst der Arbeit.

2

Vom Homo oeconomicus zum Homo sensus – wie tickt der arbeitende Mensch?

Team-, Kritik- und Konfliktfähigkeit, Kommunikations- und Überzeugungsvermögen, Empathie, Lernkompetenz, Entscheidungsstärke, Verhandlungsgeschick, Interkulturelle Sensibilität, Kreativität, Eigeninitiative, Selbstmanagement und Frustrationstoleranz: Nicht nur Arbeitsinhalte, sondern auch emotionale und soziale Anforderungen müssen gemeistert werden.

Die sogenannten „Soft Skills" – also die Fähigkeiten, mit sich und den Mitmenschen umzugehen – sind eine Frage von Reflexion, Geschick und Strategien. Um diese für die Kunst der Arbeit zu nutzen, sollte man wissen, wie der Mensch tickt.

Nicht erst die Spieltheorie hat das Bild eines rational arbeitenden Menschen hinterfragt. Dennoch wird von Mitarbeitenden im Umgang untereinander und mit der Kundschaft Objektivität und Nüchternheit erwartet. Doch Empfindungen wie Neid, Stolz, Gier, Furcht, Freude, Wut oder Mitleid funken einer geordneten Sachlichkeit immer wieder dazwischen.

Emotionen wurden lange schlichtweg ignoriert oder als ablenkende Erscheinungen betrachtet, die zielgerichtetes Verhalten unterbinden, sich der Logik entziehen und Chaos schüren.

Die Arbeitswelt ist aber kein emotionsfreier Raum und Empfindungen helfen, vielfältige und kritische Ereignisse zu bewältigen. Sie sind überlebenswichtige Aktivierungssysteme, denn Emotionen organisieren menschliches Handeln und fördern das Lernen. Menschen ohne Angstgefühl werden selten alt. Allerdings führen Emotionen auch zu Konflikten und unüberlegten Handlungen. Würden tatsächlich alle Emotionen und Befindlichkeiten „ungebremst" in die Arbeit einfließen, würde es nicht nur unüberschaubar komplex, sondern auch willkürlich und ungerecht zugehen. Zum Glück ist man nicht von der Stimmung des Verkäufers abhängig, um seine Brötchen zu bekommen.

Empfindungen steuern also im Guten wie im Schlechten unser Verhalten. Leider sind Emotionen schwer fass- und kaum messbar. Wenn wir dennoch über sie sprechen und nachdenken können, basiert das allein darauf, dass wir vermuten, dass unsere Mitmenschen spezifische Situationen ähnlich empfinden. Wie entstehen nun solche handlungsleitenden Gefühlswelten?

Spieltheorie

Die Spieltheorie modelliert Entscheidungssituationen, in denen mehrere Beteiligte miteinander interagieren. Sie hat viele Anwendungsfelder. Für spieltheoretische Arbeiten wurde allein achtmal der Nobelpreis für Wirtschaftswissenschaften vergeben.
Viele Ergebnisse der Spieltheorie zeigen, dass Menschen weder stets rational und gewinnmaximierend noch stets eigennützig agieren.

Ockenfels, A. (1999). Fairness, Reziprozität und Eigennutz – Ökonomische Theorie und experimentelle Evidenz. Dissertation, Tübingen

Emotionen als „gefährliche Piraten"

Lange Zeit galten Emotionen als „gefährliche Piraten", die das von der menschlichen Vernunft gesteuerte Schiff plötzlich überfallen und das Ruder übernehmen. Heute hat sich Bild von ihnen grundlegend verändert.

Cacioppo, J. T. & Gardner, W. L. (1999). Emotion. Annual Review of Psychology, 50, 191-214

Winter, E. (2016). Kluge Gefühle. Warum Angst, Wut und Liebe rationaler sind, als wir denken. DuMont Verlag Köln

An dieser Stelle erlauben Sie mir, etwas auszuholen. Nach einem Umweg über Fresken, Mikrowellen und dem Universum werde ich wieder auf die Arbeitswelt zurückkommen – versprochen.

Das berühmte Bild von Michelangelo in der Sixtinischen Kapelle zeigt den überwältigenden Moment, in dem Adam, stellvertretend für die Menschheit, das Leben von Gott empfängt. Die recht laszive Haltung Adams lässt bis heute rätseln, wie es damals die kirchliche Zensur überstand. Wie dem auch sei – wissenschaftlich ist interessant, dass diesem Fresko ein Menschenbild zugrunde liegt, welches zwischen einer körperlichen (aus Lehm geformt) und einer geistigen (Hauch Gottes) Dimension unterscheidet.

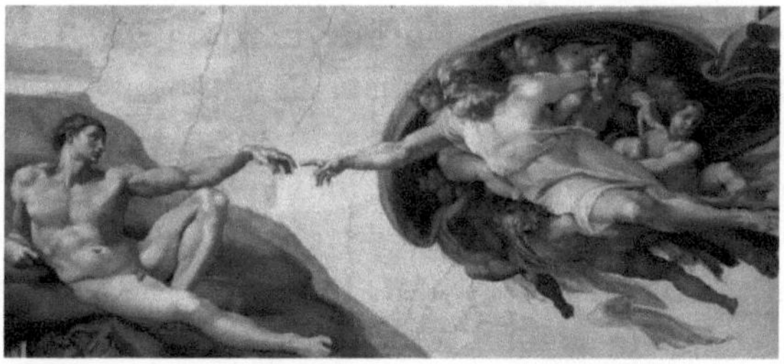

Abbildung 2: Adam wird zum Leben erweckt: „Die Erschaffung Adams" (1512) von Michelangelo Buonarroti

Dieser Dualismus, also die Trennung von Geist und Körper, bestimmt bis heute unser Weltbild. Beispielsweise wird in der Medizin zwischen körperlichen und psychischen Erkrankungen unterschieden. Psychologinnen und Psychiater kümmern sich um die Seele und Internisten oder Chirurginnen um den Rest (*empaclip.de/10*).

Auch in der Arbeitswelt hält sich die mechanistische Analogie eines Menschen, dessen Körper maschinengleich agiert. Gefühle und Regungen kommen vor Arbeitsbeginn einfach in den Spind. Dank der Digitalisierung ist diese Vorstellung auch heute dominant. Ein Maschinenwesen, welches bald unsere Arbeit macht. Es sagt viel über unser Verständnis von Mitarbeitenden aus, wenn diese einfach als von Maschinen ersetzbar gedacht werden. Das tschechische Wort „robota" bedeutet übrigens „Zwangsarbeit".

Heute weicht die Hirnforschung, beflügelt durch bildgebende Verfahren, diese dualistische Sichtweise jedoch auf. Demnach sind geistige und körperliche Prozesse untrennbar miteinander verbunden, denn das zentrale Nervensystem ist die materielle Basis aller Kognition und Emotion. Trinken wir Kaffee, werden Andenosinrezeptoren im Gehirn blockiert und dadurch unser Empfinden und Verhalten verändert. Müssen wir einen Vortrag halten, werden Angstzentren und vielfältige Reaktionen aktiviert. Jeglicher Reiz führt zu einem Feuerwerk neuronaler Aktivität. Und auch diese Veränderungen im Organ „Gehirn" verändern unser Erleben und Verhalten.

Körper & Geist

Verletzungen im Gehirn verändern unser Wesen:
Hat man eine Verletzung am Hinterkopf, erblindet man, da sich dort das Sehzentrum befindet.
Ist das Broca-Areal lädiert, redet man langsam, hat Wortfindungsstörungen und eine eingeschränkte Grammatik.
Ist das Wernicke-Areal in Mitleidenschaft gezogen, spricht man mitunter exzessiv (Logorrhoe), aber ohne, dass es für Außenstehende Sinn ergibt.
Schädigungen im Präfrontallappen (Stirnbereich) führen dazu, dass sich die Persönlichkeit dramatisch ändert: antriebsgemindert und planlos, dabei impulsiv, enthemmt und aggressiv.

Dies alles wäre für die Arbeitswelt halb so wild, wenn wir dies aktiv registrieren, einordnen und steuern könnten. Dem ist aber nicht so. Die meisten neuronalen Prozesse bleiben unbewusst. Vieles spricht dafür, dass wir unsere Vorstellung von uns selbst als selbstbestimmte und bewusst handelnde Wesen hinterfragen sollten.

Unser Gehirn ist in seiner Arbeitsweise unbegreiflich. Fast 100 Milliarden Neuronen bilden etwa 1 Trillion synaptische Verschaltungen aus, da jede Gehirnzelle bis zu 30.000-fach mit anderen Zellen verbunden sein kann.

Die Länge aller Nervenbahnen im Gehirn wird auf bis zu 5,8 Millionen Kilometer geschätzt – dies würde für 16 Fäden zwischen Erde und Mond reichen.

Abbildung 3: Die Entfernung zum Mond beträgt 384.400 km – die Länge der Hirnnerven eines einzelnen Menschen reicht aus, um mehrere Fäden zwischen Erde und Mond zu spannen

Und mit einer Leistung von 30 Watt können wir 10^{150} Gedächtnisinhalte speichern. Zum Vergleich: Die geschätzte Anzahl aller Atome im Universum beträgt lediglich 10^{79}. Und das Universum ist verdammt groß. Die Sterne, die wir nachts am Himmel sehen, bilden nur einen winzigen Ausschnitt der 100 Milliarden von „Sonnen" in unserer Milchstraße, die wiederum auch nur eine von unzähligen Galaxien im Universum ist.

Kurzum: Unser Gehirn nimmt es mit den Unendlichkeiten und Geheimnissen des Universums locker auf. Ein Arbeitsteam ist somit nicht weniger komplex als das Sonnensystem (*empaclip.de/20*).

Was muss man über die Arbeitsweise des Gehirns und somit uns selbst wissen? Es sollen im Folgenden weniger physiologische oder neuroanatomische Zusammenhänge aufgezeigt werden, sondern vielmehr die prinzipiellen Mechanismen, die zu vielen Herausforderungen im Arbeitsleben führen.

Wahrnehmen und Empfinden

Es stellt sich die Frage, wie Mitarbeitende sich selbst und ihre Arbeitswelt erleben und subjektiv empfinden. Stellen Sie sich dazu folgende Situation vor:

Nachts fällt in einem menschenleeren Bürotrakt das große Gemälde des Firmengründers von der Wand und zersplittert. Verursacht es ein lautes Krachen?

Die richtige Antwort lautet: Nein!

In einem leeren, verlassenen Bürotrakt verursacht ein herunterfallendes Gemälde keinen Knall. Es entsteht kein Geräusch. Es bleibt still.

Stellen Sie sich nun eine andere Situation vor:

Betriebsausflug in den Zoo. Sie stehen mit Ihren Kolleginnen vor dem Elefantengehege. Geben die grauen Kolosse dort viele Laute von sich?

Wenn Sie Elefanten beobachten, scheinen diese in der Regel ziemlich schweigsam zu sein. Dabei reden Elefanten permanent. Sie unterhalten sich sogar über viele Kilometer hinweg und dies in einer Lautstärke von 90 Dezibel – nur hören wir es nicht, denn für uns sind Elefanten stumm.

Und nun die letzte Frage:

Wenn Sie in einem *empaclip* meine Stimme hören, wo entsteht das Geräusch, das Sie hören?

Ein Geräusch entsteht nicht beim Aufschlagen eines Gemäldes oder durch Stimmbänder, dadurch werden lediglich „neutrale" Luftschwingungen ausgelöst. Das Geräusch entspringt vielmehr einer neuronalen Verarbeitung im Gehirn, wenn dort Schallwellen in einen Sinneseindruck „übersetzt" werden. Dazu müssen Schallwellen das Trommelfell zum Vibrieren bringen, was in der Folge Wanderwellen in der gallertartigen Masse des Innenohrs auslöst. Erst wenn Haarzellen diese mechanisch erzeugten Wellen registrieren und als elektrisch-chemische Impulse zur Verarbeitung in die Tiefen des Gehirns leiten, entsteht dort für uns ein Geräusch.

Das bedeutet: Wir hören nicht mit dem Ohr, sondern wir hören mit unserem Gehirn!

Und hier unterscheiden sich die Spezies beträchtlich voneinander. Menschen übersetzen Luftschwingungen zwischen 20 und 20.000 Hertz in hörbare Töne. Elefanten oder Katzen hören auch in anderen Frequenzbereichen wie Infra- und Ultraschall, für diese sind wir jedoch taub. Deswegen bleiben Elefanten selbst bei einem dröhnenden 90-Dezibel-Talk für uns geräuschlos. Auch ein explodierender Chinaböller löst nur „stumme" Schallwellen aus. Es bedarf eines Menschen, der aus der stummen Schallfrequenz ein Hörerlebnis generiert, um das für uns typische Knallgeräusch entstehen zu lassen (*empaclip.de/30*).

Neuronale Taubheit

Bei ertaubten Menschen kann man heute mit einem Cochlea-Implantat die Funktionen eines beschädigten Innenohrs überbrücken. Das Implantat wandelt Schallwellen in elektrische Impulse um, die vom Gehirn verarbeitet werden. Es funktioniert nicht bei Menschen, die schon vor dem Spracherwerb gehörlos waren. Diese Menschen verfügen über keine neuronalen Muster, um diese Umwelteindrücke erkennen zu können.

Wir bilden mit unserem Gehirn Töne und Geräusche, aber die physikalischen Korrelate, wie etwa Schallwellen, hören wir nicht. Genauso erkennen wir Farben und Formen, aber wir sehen keine elektromagnetischen Wellen wie das Licht.

Tatsächlich schneiden wir nur einen sehr winzigen Ausschnitt aus der uns umgebenden physikalischen Umwelt aus, wenn wir etwas wahrnehmen. Diesen können wir in Sinneseindrücke übersetzen und bewusst erleben. Für den großen Rest der uns umgebenen Welt sind wir blind. Wir haben weder Empfindungen für die meisten Luftschwingungen noch für elektrische Felder, Radioaktivität, kosmische Strahlung oder das Magnetfeld. Letzteres wird beispielsweise von vielen Bakterien und Vögeln wahrgenommen. Wie nun Vögel das Magnetfeld als Sinneseindruck erleben, ob sie es hören, fühlen oder schmecken, ist aus menschlicher Perspektive kaum ergründbar.

Synästhesie

Vermischung von Sinnesebenen. Kopplung sonst getrennter Bereiche der Wahrnehmung. Tritt familiär gehäuft auf.

Gleiches gilt für das Sehen. Der Mensch kann nur einen sehr kleinen Ausschnitt der vorhandenen elektromagnetischen Wellen in Sinneseindrücke verwandeln. Diese Wellenlängen zwischen 380 und 780 Nanometern bezeichnet man als Licht. Nachbarfrequenzen wie Radiowellen, Mikrowellen, Röntgenstrahlen, UV-Strahlung oder Infrarotstrahlung können Menschen, im Gegensatz zu anderen Lebewesen, nicht sehen.

Phantomwahrnehmungen

Menschen, die Stimmen hören, nehmen diese als echt wahr, da das Gehirn dieses Hörereignisses auch ohne einen äußeren Reiz bilden kann.
In einer Studie zeigten Wissenschaftlerinnen, dass bei Menschen Phantomgerüche vorkommen.

Bainbridge K. E., Byrd-Clark D., Leopold D. (2018). Factors Associated with Phantom Odor Perception Among US Adults. JAMA Otolaryngol Head Neck Surg., 144(9), pp. 807–814

Infrarotstrahlung kann man aber als Wärme auf der Haut fühlen. Und hier wird etwas deutlich: Dass man einige elektromagnetische Wellen als Licht und/oder Wärme und einige Schallwellen als Geräusch und/oder Vibrationen empfindet, scheint eine Laune der Natur zu sein. Es wäre genauso denkbar, dass wir Töne sehen oder Licht hören. Und in der Tat sind die Zuordnungen nicht eindeutig. Bei Synästhetikern, Psychosen oder unter Drogeneinfluss weicht diese Verbindung zwischen äußeren Reizen und inneren Verarbeitungswegen auf. In einer aktuellen Studie zeigten Wissenschaftlerinnen sogar, dass bei Menschen oft Phantomgerüche vorkommen. Dabei leiten Nerven fälschlicherweise Signale ans Gehirn. Für die Betroffenen entsteht ein echtes Geruchserlebnis, das aber nicht auf äußeren

Ursachen beruht [‹›].

Betrachtet man die ganze Palette der Sinneswahrnehmung im Tierreich, so sieht man die vielfältigsten Lösungen, um physikalische Umgebungsreize in handlungsleitende Eindrücke und Empfindungen zu überführen.

Die Spezies Mensch hat in ihrer Stammesgeschichte gelernt, einen spezifischen Ausschnitt aus der physikalischen Umwelt in hilfreiche Sinneseindrücke zu übersetzen.

So weit, so gut und für alle Menschen gleich. Wieso ist dies nun für unsere Arbeitswelt interessant?

Die Stammesgeschichte wiederholt sich im kleineren im Dasein jedes Menschen. Die genetische Veranlagung erlaubt uns, bestimmte Sinneseindrücke zu bilden. Aber die Ausbildung dieser Veranlagung ist ein flexibler, dynamischer, lebenslanger und berufsspezifischer Prozess.

Nach der Geburt reagieren wir zwar auf Licht und manchen Schall. Aber wir erfassen nichts aus beiden. Sprache ist anfangs für uns ein unverständliches Gebrabbel. Dass wir allmählich etwas erkennen können, verdanken wir Eltern, der Kita, Schule und schließlich unserem beruflichen Werdegang. Aus wirren Mustern von Schall- oder Magnetwellen lernen wir mühsam, Wörter und Dinge zu identifizieren und einen Apfel als Apfel, einen Hobel als Hobel oder etwas als gerecht oder ungerecht zu interpretieren.

Alle Lernereignisse verändern täglich unser Gehirn und somit die Weise, wie wir wahrnehmen und über etwas denken.

Bei der ersten Begegnung mit einem Apfel haben wir nicht „Heureka“ geschrien: „Da ist er! So habe ich mir einen Apfel immer vorgestellt!“ Wir haben stattdessen von unseren Eltern eingetrichtert bekommen, dass dieses olfaktorische, haptische, visuelle und gustatorische Erlebnis einen Apfel darstellt. Kurzum: Menschen lernen durch ihre soziale Umwelt, bestimmte chemische Moleküle, Formen und Farben verschiedenen Gegenständen zuzuordnen und formen dadurch ihr neuronales Netzwerk aus. Mit der Zeit denken und fühlen wir, dass Weintrauben, Äpfel und Mangos als Obst und Blumenkohl, Spinat und Brokkoli als Gemüse essbar sind. Und Ameisen, Spinnen und Skorpione keine Lebensmittel sind – zumindest nicht in unseren Gefilden.

Erkennen

Erst wenn wir durch mühselige Lernerfahrungen den Apfel als Apfel in unserem Gehirn repräsentiert haben, erkennen wir einen Apfel!

Menschliche Schemata

Melonen, Avocados, Kürbisse, Kochbananen, Rhabarber: Obst oder Gemüse?

Wenn wir auf die Welt kommen, identifizieren und erkennen wir nichts, denn wir haben in unseren Genen keine Urbilder von Wörtern oder Gegenständen gespeichert. Jedes Erkenntnismuster wird mühsam erarbeitet. Wir tun dies, indem wir (individuell verschieden) allmählich Milliarden neuronaler Schaltkreise und damit mentale Abbilder unserer Umwelt herausbilden. Die Gehirne von Neugeborenen verfügen zwar über (fast) alle Neuronen, aber diese sind noch kaum vernetzt. Angestoßen durch die Umwelt, kommt es zur Ausdifferenzierung eines neuronalen Netzwerkes, welches unsere Sicht auf die Welt bestimmt. Dieser Prozess endet erst mit dem Tod.

„Stolpern“ wir über einen Apfel, ertasten und schmecken wir diesen, bis sich eine feste Erinnerung, in Abhängigkeit von den Informationen aus unserer sozialen Umwelt, herausbildet. Irgendwann reicht ein flüchtiger Blick oder Geruch, um etwas als Apfel zu interpretieren. Das „mentale Bild" springt an. Die Leistung des Gehirns ist dabei so enorm, dass alle Fähigkeiten von Computern und Graphikkarten dagegen bescheiden wirken. Die Abbildung 4 zeigt die Entwicklung eines Gehirns in den ersten zwei Lebensjahren.

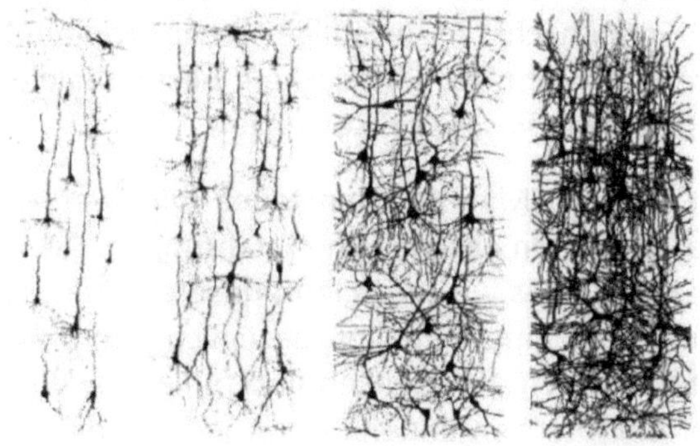

Abbildung 4: In Abhängigkeit von den Umweltinteraktionen werden strukturelle Änderungen angeregt und es bilden sich fortwährend neue Vernetzungen heraus, welche Gedächtnisinhalte und somit die Wahrnehmung und Interpretation der Umwelt festlegen. Dieser Prozess verläuft – im Rahmen eines genetischen Korridors – individuell unterschiedlich. Bei Blindgeborenen ist eine ähnliche Dynamik in der Ausdifferenzierung zu beobachten, nur dass andere Formen von Umweltinteraktionen die Interpretation der Umwelt bestimmen. Bildquelle: Seung, S. (2012). Connectome: How the brain's wiring makes us who we are. Houghton Mifflin Harcourt.

Später im Leben unterliegen wir, insbesondere bei der visuellen Wahrnehmung, dem Trugschluss, dass das richtige Erkennen eines Gegenstandes, im Gegenstand selbst begründet liegt. Aber der Hund neben uns erkennt den Regenbogen nicht. Und wir verstehen diesen heute nicht mehr als Brücke zu den Göttern, sondern als eine malerische Brechung des Sonnenlichts in unzählige Wassertropfen. Unsere kulturgeprägte Entwicklung bestimmt die Interpretation dieses Lichtspektakels.

Kritik der Urteilskraft

Unser Irrtum besteht darin, dass wir unser Vorgehen, Dinge zu bestimmen oder einzuordnen, den Dingen an sich zuordnen. Wir glauben, die Wirklichkeit zu erkennen.

I. Kant (1779)

Mit unseren Mitmenschen teilen wir zwar ähnliche, aber eben nicht gleiche Erfahrungen. Dies hat zur Folge, dass wir uns alle in unseren Interpretationen und Empfindungen bezüglich der Umwelt unterscheiden. Wir denken und fühlen jeweils immer ein bisschen anders. Denn jedes Individuum hat sich die Welt auf anderen Wegen erschlossen und damit andere neuronale Muster, die das Erleben und Wahrnehmen festlegen, herausgebildet.

Dass wir uns dennoch verstehen und wirklich Gleiches meinen, grenzt an ein Wunder, das eben auch nicht oft geschieht. Nicht verstehen, sondern Missverstehen ist in der Arbeitswelt somit stets die wahrscheinlichste Variante.

Mit bildgebenden Verfahren kann man heute diese Formbarkeit (Plastizität) des Gehirns gut visualisieren. Und wir begreifen immer deutlicher, dass sich das Gehirn bis ins hohe Alter an neue Umweltbedingungen anpasst und fortwährend strukturell verändert.

Diese Entwicklung unterliegt einer sogenannten Selbstreferenz: Die augenblickliche Hirnstruktur entsteht aus der vorherigen und stellt Weichen für zukünftige Strukturen, ähnlich dem Wachstum eines Baumes. Alle Bäume wachsen anders. Aber die Möglichkeiten zur Verästelung sind für jeden Baum nicht frei, sondern eingeschränkt durch seine augenblickliche Struktur. Und eine einmal eingeschlagene Verästelung stellt unwiderrufliche Weichen für die weitere Entwicklung. Genauso verhält es sich mit unseren Gehirnen beziehungsweise der Weise, wie wir die Welt sehen und interpretieren. Wir lernen Neues immer in Abhängigkeit vom zuvor Gelernten. Wir können nichts löschen oder ersetzen, sondern nur das Bestehende variieren und weiterführen, wir sind quasi „Gefangene" unserer bisherigen Erfahrungen.

Dieses Phänomen will ich durch ein Gedankenexperiment verdeutlichen:

Stellen Sie sich vor, Sie besuchen eine Weiterbildung zur Schärfung der Sinne. Zu Beginn jeder Stunde verbindet Ihnen die Kursleiterin die Augen und führt Sie in einen Raum. In diesem befindet sich eine Vielzahl von Gegenständen. Sie sollen mit verbunden Augen alle Gegenstände ertasten und sinnlich erleben. Was passiert nun von Sitzung zu Sitzung?

Abbildung 5: In einem Sinneskurs ertasten Teilnehmende mit verbundenen Augen Gegenstände

Sie werden nach und nach immer mehr Gegenstände wiedererkennen. Mussten Sie anfangs noch mühselig die Gegenstände als Locher, Tasse oder unbekannt-glatt ertasten, reicht nach einigen Malen eine kurze Berührung, um zu wissen, um welchen Gegenstand es sich handelt. In Ihrem Gehirn sind durch die Berührungen nun bestimmte Erinnerungen als „mentale Abdrücke“ hinterlegt. Entscheidend für den Aufbau solch mentaler Abdrücke sind aber unsere Vorerfahrungen. Wir versuchen vorrangig, die ertasteten Objekte in die bestehenden Erinnerungsmuster einzuordnen: Becher, Datenstick, Radiergummi, HDMI-Adapter oder Maus. Nur wenn wir nichts Passendes in unserer Erinnerung finden, konstruieren wir neue Begriffe: eckigunbekannt. Mit unserem Auge handeln wir nicht anders als mit unseren Händen. Wir tasten mit schnellen sprunghaften Augenbewegungen (Sakkaden) die Umwelt ab. Ein gutes Beispiel ist das Lesen.

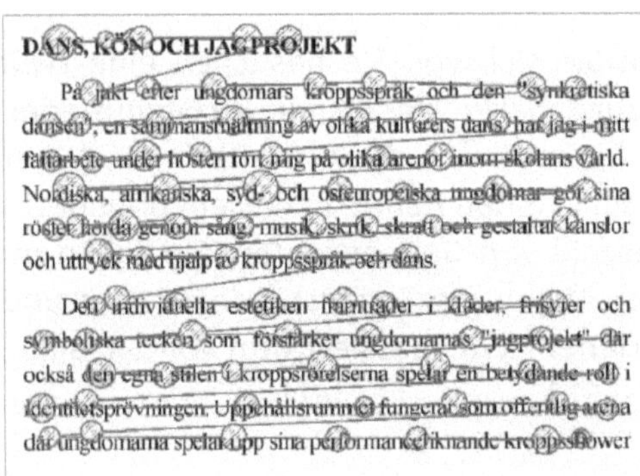

DANS, KÖN OCH JAGPROJEKT

På jakt efter ungdomars kroppsspråk och den "synkretiska dansen", en sammansmältning av olika kulturers dans, har jag i mitt fältarbete under hösten rört mig på olika arenor inom skolans värld. Nordiska, afrikanska, syd- och östeuropeiska ungdomar gör sina röster hörda genom sång, musik, skrik, skratt och gestaltar känslor och uttryck med hjälp av kroppsspråk och dans.

Den individuella estetiken framträder i kläder, frisyrer och symboliska tecken som förstärker ungdomarnas "jagprojekt" där också den egna stilen i kroppsrörelserna spelar en betydande roll i identitetsprövningen. Uppehållsrummet fungerar som offentlig arena där ungdomarna spelar upp sina performanceliknande kroppsshower

Abbildung 6: Die Punkte zeigen die Sprünge in der Augenbewegung. Lesen ist kein fließender visueller Akt, sondern ein Wiedererkennen und Aktivieren neuronaler Muster. Die gespeicherte Sprache und Grammatik vervollständigen Sätze in unserem Geist, deswegen ist ein Lesen aller Silben und Wörter gar nicht notwendig.

Wir lesen nicht einzelne Buchstaben, sondern „erkennen“ Wörter mit einem flüchtigen Blick. Auch die Silben und Wörter, die wir mit dem Auge überspringen, formulieren wir im Geiste mit.

Betritt man einen Besprechungsraum, mustert man nicht jeden Tisch, Stuhl oder jede Jalousie einzeln, um die Gegenstände zu identifizieren. Trotzdem hat man aufgrund abgespeicherter Schemata sofort ein klares Bild des Raumes. Selbst auf der Autobahn integrieren sich die einzelnen Wahrnehmungsfetzen zu einem geschlossenen Eindruck von der Landschaft.

Blinde nutzen ebenfalls den visuellen Cortex

Renier, L. A. (2010). Preserved Functional Specialization for Spatial Processing in the Middle Occipital Gyrus of the Early Blind. Neuron, 68, 1, 138–148

Dem Blindgeborenen geht es ähnlich. Seine korrespondierenden mentalen Bilder entstehen lediglich durch andere „Abtaststrategien". Aber auch Blindgeborene nutzen ihren visuellen Kortex zur Verarbeitung von Sinneseindrücken [‹›]. Sie „füttern" ihre Sehrinde nicht mit chemisch bedingten Zellaktivierungen aus dem Auge, sondern durch Schallwellen, Gerüche und den Tastsinn. Für die weitere Wahrnehmung sind für den Blindgeborenen ebenfalls mental verankerte Bilder durch Vorerfahrungen entscheidend. Auch er muss nicht alles ertasten, um einen lebendigen Sinneseindruck von einem Raum zu erhalten. Seine Vorerfahrungen, angestoßen durch grobes Tasten, Geräusche, verbale Informationen und Gerüche, genügen.

Ich möchte dieses Gedankenexperiment mit dem Sinnes-Kurs von oben noch weiter fortführen:

Sie haben regelmäßig die Weiterbildung besucht und alles in dem Raum mit verbundenen Augen gründlich ertastet. Was tun Sie gedanklich mit den Gegenständen?

Sie werden die unterschiedlichen Gegenstände bezeichnet und in Kategorien sortiert haben. Etwa Schere, Waage, Essstäbchen, Reibe, Mörser und Teesieb in die Kategorie „Küche".

Vor und nach Ihnen sind weitere Personen in dem Raum. Werden diese die Gegenstände identisch benennen und kategorisieren?

Dies ist unwahrscheinlich, da dies in Abhängigkeit von vorherigen Erfahrungen mit diesen Gegenständen geschieht. Aber je ähnlicher die Erfahrungen sind, desto ähnlicher wird die Benennung und Einordnung sein.

Stellen Sie sich nun vor, in dem Raum wären nicht hiesige Alltagsgegenstände, sondern unbekannte, exotische Dinge aus Sansibar ausgelegt. Wie ähnlich würden nun die Benennung und Einordnung durch die Teilnehmenden sein? Sehr verschieden, denn es gibt keine gemeinsamen Anhaltspunkte. Die Möglichkeiten der geistigen Repräsentation, Benennung und Kategorisierung sind unendlich. So können Gegenstände nach Größe, Gewicht, möglicher Funktion, Material oder Anziehungskraft bewertet werden. Alle Teilnehmenden werden andere mentale Bilder über die zu ertastenden fremden Gegenstände formen und individuell kategorisieren. Kurzum: Jeder kommt zu einer anderen neuronal verankerten Interpretation dieser wahrgenommenen Gegenstände.

Später treffen sich alle Teilnehmenden in einem Biergarten und unterhalten sich über die Weiterbildung sowie die Beschaffenheit der exotischen Gegenstände. Ohne geteilte Lernerfahrung werden sie es im Nachhinein schwer haben, ein gemeinsames Verständnis über Art und Nutzen der Objekte zu entwickeln. Und es wird bei allen eine Unsicherheit mitschwingen, ob man überhaupt dieselben Objekte meint – also über dasselbe spricht. Jeden Tag und jede Minute ertasten wir mit unseren Sinnen unsere Umwelt und erkennen, benennen und ordnen diese ein. Für die meisten Menschen ist zum Abtasten der Sehsinn entscheidend. Ob wir aber unser Abbild der Umwelt über Schallwellen, Lichtwellen oder den Tastsinn erschließen, spielt biologisch gesehen keine Rolle, es kommen gleiche Prinzipien zum Tragen. Fledermäuse tun dies ebenso gut über Schallortung und finden punktgenau eine umherschwirrende Mücke in absoluter Dunkelheit.

Der Sehsinn bringt uns nicht „näher" an die tatsächliche Beschaffenheit von Objekten als der Tastsinn. Dieser Glaube ist pure Illusion sehender Wesen.

Schon im Mutterleib fangen wir an, die für uns erfahrbare Umwelt zu begreifen und zu ordnen. Ein gewisser Korridor ist genetisch festgelegt und dieser wird durch unsere Sozialisation weiter ausgebildet. Eltern, Sprache, Bücher, Freunde, Schule, Ausbildung und Beruf tragen dazu bei, dass wir ähnlich benennen, einsortieren, interpretieren und bewerten. Aber trotz dieser gesellschaftlichen Bemühungen ist ein recht großer Spielraum für unterschiedliche Entwicklungen und damit Empfindungen und Wahrnehmungen im Arbeitsleben gegeben.

Abbildung 7: Zebra oder Giraffe? Das Okapi ist den Giraffen zugeordnet – Foto: Raul654, Wikipedia

Erst 1980 – mit der Einführung deskriptiver Klassifikationssysteme – fand man in der Fachwelt mühsam einen gemeinsamen Konsens bezüglich der Festlegung und Kategorisierung psychischer Erkrankungen. Neue Symptome oder Erkrankungen werden nun in diese Struktur einsortiert. Bis dahin existierten unterschiedliche Kriterien und unterschiedliche ätiologische Ansätze für psychische Krankheitsbilder und somit ein anderes Verständnis von diesen Erkrankungen. Die heutige Klassifikation in unserem Gesundheitssystem ist eine gesellschaftliche Konstruktion, die unser Denken und Fühlen diesbezüglich bestimmt.

Unsere Taxonomie der Welt ist immer nur eine von vielen möglichen. Die Unterscheidungen zwischen Obst und Gemüse, zwischen E- und U-Musik oder zwischen Ertrag und Gewinn hat nicht die Natur, sondern haben wir festgelegt (*empaclip.de/40*).

So weit zu den individuellen und kulturellen Entwicklungen, die dazu führen, dass Menschen dieselben Situationen unterschiedlich erleben und bewerten. Aber nicht nur die unterschiedlichen neuronalen Entwicklungen erschweren das Miteinander in Unternehmen – auch das Bewusstsein hat es in sich. Dazu im folgenden Abschnitt mehr.

Der Serienmarathon auf Ichflix oder wie man sich die Welt erklärt

Computer versus Gehirn

Ein Autopilot ist dem Menschen in der allumfassenden Repräsentanz der physikalisch relevanten Umgebung überlegen und fliegt fehlerlos. Aber eine Pilotin kann antizipieren und mit ihrer Kreativität auf neue Situationen reagieren – hier müssen Computer passen.

Der Mensch ist ein „Bewusstseinswesen". Das Bewusstsein wird neuroanatomisch in der Großhirnrinde verortet, die circa 80 Prozent des menschlichen Gehirns ausmacht. Bei allen Tieren, selbst bei den uns verwandten Primaten, ist dieser Bereich deutlich bescheidener ausgeprägt. Diese gewaltige Großhirnrinde lässt uns ein stimmiges Bild der Arbeitswelt und uns selbst als wirkungsvolle Akteure in dieser erleben.

Rouge-Test bei Tieren

Neben Menschen scheinen nur Primaten, Delphine, Elefanten und einige Vogelarten wie Keas oder Elstern den Rouge-Test zu bestehen.

Es gibt in der Wissenschaft einen Test für das Vorhandensein von Bewusstsein, den Rouge-Test. Dazu malt man einem Lebewesen unbemerkt einen roten Fleck auf die Stirn und lässt es dann in einen Spiegel blicken. Nun wird beobachtet, ob der rote Fleck als Fremdkörper identifiziert wird. Menschen bestehen diesen Test nach circa zwei Lebensjahren. Erst ab diesem Alter beginnen wir, uns als Individuen, losgelöst von der Umwelt, zu begreifen. Und nur der Mensch bildet eine derartige Selbsterkenntnis heraus.

Was sind nun die Vorteile dieser Bewusstseinsbildung?

Daraus erklären sich die erstaunlichen kulturellen Leistungen. Denn diese einzigartige Selbstrepräsentation erlaubt uns etwas Erstaunliches: Da wir uns als Individuen aus der Umwelt herauslösen können, können wir uns in andere Situationen hineindenken. Wir haben zum Beispiel die Fähigkeit, uns selbst in der Vergangenheit zu sehen und uns an Handlungen und deren Konsequenzen zu erinnern. Zudem können wir uns in die Zukunft denken und ausmalen, wie etwas werden wird. Der Bau eines Hauses und wohl auch die meisten beruflichen Tätigkeiten sind ohne solche Rückblicke (Erfahrungen) und Planungen nicht denkbar. Heute halten Bibliotheken und das Internet die gesammelten Erfahrungen der Menschheit fest und mithilfe von Software werden komplexe Zukunftsszenarien durchgespielt. Erfahrungswissen und Vorstellungskraft zeichnen den Menschen aus.

So weit, so gut.

Die menschliche Bewusstseinsbildung hat nun so ihre Tücken. Denn unsere Gehirne halten sich nicht lange mit objektiven Daten über die Umwelt auf. Hier unterscheiden sich diese fundamental von Computern. Wahrnehmung unterliegt nicht einer Faktentreue, sondern der aktuellen Dienlichkeit. Liebe und Eifersucht sind zwei schöne Beispiele für besondere Reizverarbeitungsmodi und seltsamen situationsspezifischen Wahrnehmungen.

Aber auch alltägliche Beispiele zeigen dies auf:

Man steigt aus der U-Bahn und eilt auf die Rolltreppe zu. Als man sie erreicht hat, bleibt diese unerwartet stehen und man tritt „ins Leere". Dies fühlt sich merkwürdig und irritierend an, denn das Gehirn hatte bereits das motorische Programm „Rolltreppe" aktiviert.

Kommendes wird neuronal gebahnt. Die dazu notwendige Wahrnehmung verfolgt einen Zweck, der darin liegt, uns vorteilhaft handeln zu lassen. Da-

Split Brain & Bewusstsein

Bei Menschen mit starker Epilepsie trennt man bisweilen die beiden Hirnhälften voneinander. Dazu wird der Hirnbalken, das Corpus calossum, durchtrennt. Dies verhindert, dass sich schwere Anfälle über das ganze Gehirn ausbreiten und die Lebensqualität der Betroffenen wird erhöht. Diese „Split-Brain"-Patienten folgen oftmals verschiedenen Impulsen und begehen paradoxe Handlungen, denn sie haben zwei unabhängige Gehirnhälften. Beispielsweise ziehen sie sich mit einer Hand die Hose runter und mit der anderen hoch.
Interessant ist nun, dass sie, auf ihre paradoxen Handlungen angesprochen, diese Sicht nicht teilen, sondern stets „plausible" Erklärungen für dieses anbieten. Sie erleben im Gegensatz zur Außenwelt ihr Verhalten nicht als paradox, sondern empfinden es als schlüssig. Denn unser Bewusstsein lässt solche Widersprüche nicht zu.

Gazzaniga, M., S. (1998). Rechtes und linkes Gehirn: Split-Brain und Bewusstsein. Spektrum der Wissenschaft, 12, 84-86

bei beobachten wir äußerst selektiv, geprägt durch unsere persönlichen Erfahrungen, die Umwelt und legen eigene Ursache-Wirkungs-Zusammenhänge fest. Diese Festlegungen haben mit den Festlegungen anderer manchmal nicht viel zu tun.

Solche Interpretationen lassen sich leicht manipulieren. Ein schönes Experiment wurde dazu bereits 1974 durchgeführt. In einem kanadischen Nationalpark sprach eine junge Psychologin gleichaltrige Männer auf einer hohen schwankenden Hängebrücke unter dem Vorwand einer Befragung an. Anschließend überreichte sie ihre Telefonnummer mit dem Hinweis, die jungen Männer könnten sie bei Rückfragen zu der Studie gerne anrufen. Tatsächlich riefen auffallend viele zurück. Denn die jungen Männer hatten die Ursache für ihre körperliche Erregung, die auf einer schwankenden Hängebrücke unvermeidlich ist, der jungen Frau zugeschrieben: Sie hatten sich verliebt! Männer, die die junge Wissenschaftlerin auf demselben Rundweg, aber auf einer niedrigen Brücke ansprach, griffen nachher nicht zum Hörer. Denn sie mussten sich keine Aufregung als Verliebtsein erklären [‹›].

Aus Furcht wird Liebe

Dutton, D. and Aron, A. (1974). Some evidence for heightened sexual attraction under conditions of high anxiety. Journal of Personality and Social Psychology, 30. 510–517

Auch im Arbeitsleben löst man seine Erregungen „plausibel" auf. Kann man ein Ziel nicht erreichen, ist es nicht erstrebenswert. Wird man ermahnt, weil man etwas versäumt hat, wurde man nicht informiert. Geht das Projekt schief, sind äußere Umstände schuld. Für alles finden wir gute Deutungen.

Solche Interpretationen wirken aber nicht nur nachträglich, sondern auch bei Zukünftigem. Fast jede Religion kennt Opferrituale, um Geschehnisse zu beeinflussen. Denn durch beharrliches Opfern ließ sich jede Gottheit erweichen, der Dürrezeit endlich ein Ende zu bereiten. Die Freude über den lang herbeigesehnten Regen verstärkte diesen Glauben. Das vermutete Ursache-Wirkungs-Muster setzte sich immer stärker in den Köpfen fest.

Von der Antike bis ins 19. Jahrhundert haben Ärzte und Ärztinnen das Übel für viele Erkrankungen in galle-verdorbenem Blut gesehen. Als Therapie wurde durch Aderlass dieses grünstichige Blut abgelassen. Weder der Fakt, dass es kein grünstichiges Blut gibt, noch der, dass der Blutverlust die Gesundheitssituation verschlimmerte, hinderte Generationen von Gelehrten daran, an die Wirkung dieser Therapie zu glauben und grünstichiges Blut von rotem unterscheiden zu können.

Ähnliches lässt sich nach wie vor sowohl im Alltag als auch in den Wissenschaften beobachten. Viele Sportler neigen zu abergläubischen Marotten, um einen Erfolg zu beschwören. Bis vor Kurzem galt fettiges Essen als Ursache vieler Erkrankungen. Doch aktuelle Studien zeigen, dass die jahrzehntelangen Empfehlungen für eine fettarme Ernährung nicht nur irreführend, sondern sogar gesundheitsschädlich sind [‹›].

Fettreiche Ernährung und Gesundheit

Teicholz, N. (2014). The big fat surprise. Why butter, meat & cheese belong in a healthy diet.
Verlag Simon & Schuster, New York

In der Wissenschaft gilt, dass Annahmen über Zusammenhänge nur so lange gelten, bis Abweichendes beobachtet wird. Um dabei der menschlichen Neigung zu fälschlichen Festlegungen entgegenzuwirken, hat man ein ganzes Arsenal von Forschungsmethoden und -standards geschaffen. Die Korrektur von Interpretationsmustern ist in der Forschung tägliche Praxis, im Beruflichen tun wir dies jedoch selten.

Confirmation Bias

WissenschaftlerInnen unterliegen oftmals einem „Bestätigungsfehler“. Also der Neigung, Informationen so auszuwählen und zu interpretieren, dass die eigenen Annahmen erfüllt werden.

In unserer alltäglichen Bewusstseinsbildung suchen wir Eindeutigkeiten und legen uns fest. Mittels dieser Strategie heben wir stets etwas hervor und erkennen dadurch anderes nicht. Sogenannte Kippbilder zeigen die Fragilität solcher Interpretationen auf.

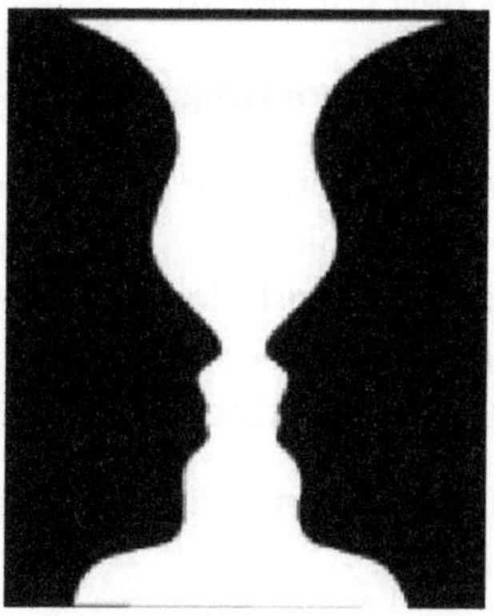

Abbildung 8: Weiße Vase oder zwei Gesichtsprofile?

In dem Bild unten sehen die meisten Betrachter eine Tür oder eine holzverkleidete Decke – also vornehmlich eckige Formen.

Abbildung 9: Coffer Illusion – Abdruck mit freundlicher Genehmigung von Garcia Matthew Norcia

Erst bei näherem Hinschauen sieht man, dass dort auch sechzehn Kreise abgebildet sind.

Dass man im Alltag nicht an seinen Eindrücken zweifelt und Mehrdeutigkeiten ausblendet, hat Vorteile: Ohne diese Selbstsicherheit würde man keine Entscheidungen treffen und ginge nur äußerst verunsichert vor die Tür.

Erfahrungen und Erinnerungen

Genauso überzeugt sind wir von unseren Erinnerungen. Aber auch hier gilt, dass Erinnern nicht einer getreuen Wiederholung des Vergangenen dient, sondern der Aufrechterhaltung eines plausiblen Selbst- und Weltbildes.

Einfache Beispiele verdeutlichen diese Befangenheit und Trickserei:

Schließen Sie einen kurzen Moment die Augen und denken Sie an ihre ersten Kindheitserinnerungen.

Was sehen Sie?

Fällt Ihnen etwas auf? Die allermeisten Menschen sehen sich von außen, also aus einer Perspektive, die sie so nicht erlebt haben können. Die Bilder unserer Kindheit sind eher den wiederkehrenden Erzählungen geschuldet als unmittelbaren Erinnerungen.

Wahrnehmen und Lernen bedeutet nicht „Daten abspeichern“, sondern ein neuronales Netzwerk verändern. Eindrücke werden nicht abgelegt, sondern mit Vorhandenem verwoben. Und mit jeder Veränderung des neuronalen Netzwerkes verändern wir unseren Blick auf die Welt und auch in unsere Vergangenheit.

Wie Historiker und Historikerinnen blicken wir geprägt durch die Jetztzeit zurück und kommen fortwährend zu anderen Rekonstruktionen vergangener Ereignisse.

Hinzu kommt, dass wir nicht nur Selbsterlebtes, sondern auch Situationen, die wir beobachtet oder von denen wir gelesen oder geträumt haben, mit tatsächlich Erlebten verweben. Denken wir häufig an einen Arbeitskonflikt und reden über diesen, wirkt sich dies neuronal aus und verändert die Erinnerung. Vielfältige Experimente zeigen, dass man durch simple Anordnungen die Erinnerung von Probanden nachhaltig manipulieren kann, ohne dass dies bewusst wird. Julia Shaw und Steven Porter brachten Studierende sogar dazu, sich an Straftaten zu erinnern, die sie niemals begangen hatten [‹›].

Falsche Erinnerungen

Loftus, E., F. & Pickrell, J., E. (1995). The Formation of False Memories. Psychiatric Annals, 12, 720–725

Shaw, J. & Porter, S. (2015) Constructing Rich False Memories of Committing Crime. Psychological Science, 26, 3, 291-301

Sprachlosigkeit – oder von der Unmöglichkeit, Empfindungen zu teilen

Bezüglich unseres Bewusstseins gibt es aber noch eine Besonderheit: Wir können unsere Empfindungen nicht mit anderen teilen!

Wie würden Sie einem Blindgeborenen die Farbe Blau erklären oder einem Gehörlosen Vogelstimmen beschreiben?

Es ist unmöglich.

Denn wir besitzen keine Wörter, um subjektive Empfindungen jenseits eines geteilten Erfahrungshorizonts zu beschreiben. Diesbezüglich sind wir sprachlos. Und auch wenn wir uns darauf geeinigt haben, dass Yves Klein seine Bilder in Ultramarinblau gemalt hat, beschreibt dies nur einen gesellschaftlichen Konsens bezüglich der Bezeichnung eines physikalischen Ereignisses. Ob wir diesen Blauton identisch empfinden, entzieht sich unserer Kenntnis. Wir sind leider nicht in der Lage, unsere Blauempfindungen anderen zu beschreiben. Da sich alle Nervensysteme anders herausbilden, sind gleiche Empfindungen neuropsychologisch gesehen unwahrscheinlich – vermutlich erleben wir die monochromen Bildkompositionen alle etwas anders.

Genauso „sprachlos" sind wir bezüglich unserer handlungsleitenden Motive. Denn viele Impulse entwickeln sich in subkortikalen Strukturen unterhalb unserer Bewusstseinsschwelle. Psychologen am Berliner *Bernstein Centre for Computational Neuroscience* legten Testpersonen in einen Kernspintomographen und baten diese, spontan einen Knopf in der linken oder rechten Hand zu drücken. Bis zu acht Sekunden, bevor es die Probanden selbst „wussten", konnten die Forscher in subkortikalen Hirnaktivitäten die Entscheidung erkennen – lange vor den Probanden wussten die Forscher also schon Bescheid [‹›]. Dass diese Probanden in solchen Experimenten glauben, sich unmittelbar vor dem Knopfdruck zu entscheiden, ist ein Spuk neuronaler Bewusstseinsbildung.

Bewusste Entscheidungen – haben wir einen freien Willen?

Soon, C. S, Brass, M., Heinze H. J & Haynes, J. D. (2008). Unconscious determinants of free decisions in the human brain. Natural Neuroscience, 11, 543-545

Fazit

Ein Blick in die Hirnforschung lässt uns mit bemerkenswerten Erkenntnissen für unsere Arbeitswelt zurück: Wir sind anscheinend gefangen in einer subjektiv erlebten Welt und wir können nur hoffen, dass andere Menschen ähnlich empfinden und wahrnehmen. Je unterschiedlicher die Erfahrungen, umso unterschiedlicher werden Nervensysteme angestoßen, sich zu entwickeln, und umso diverser nehmen Menschen die Geschehnisse in ihrer Umwelt wahr. Erschwerend kommt hinzu, dass wir zu vielen Motiven keinen Zugang haben und

Empfindungen jenseits von geteilten Erfahrungen nicht beschreiben können. Dies führt zu vielen Herausforderungen im sozialen Zusammenspiel:

- Mitarbeitende unterscheiden sich darin, die Welt zu erfahren und zu begreifen, da sich alle Gehirne und psychischen Funktionen umweltbedingt unterschiedlich herausbilden.

- Einmal erworbenes Wissen, Einstellungen und Bewertungen können nicht beliebig verändert werden, sondern nur in einem Rahmen vorhandener (neuronaler) Strukturen modifiziert werden.

- Viele Impulse, die unsere Empfindungen und Verhaltensweisen steuern, entziehen sich einer bewussten Verarbeitung und sind für uns nur schwer versteh- und anderen kaum beschreibbar.

- Wir können unsere Empfindungen nicht unabhängig von der Annahme einer geteilten gemeinsamen Erfahrung mit anderen Menschen beschreiben.

- Gehirne sind keine Computer, die auf Reize wiederkehrende Verarbeitungsmuster zeigen. Gehirne sind neuronale Netzwerke, die in Abhängigkeit von aktuellen Zuständen und fortwährenden Strukturveränderungen unablässig anders auf Äußeres und Inneres reagieren.

- Wahrnehmung ist keine objektive Spiegelung einer vorhandenen Welt, sondern eine hypothesengeleitete Interpretation dieser, im Rahmen zuvor erworbener Schemata und Kategorien.

- Die Maxime des Gehirns ist es, ein stimmiges Bewusstseinsbild mit (persönlichen) Interpretationsmustern zu schaffen. Das Empfinden einer Plausibilität richtet sich dabei an inneren Kriterien aus, die sich aufgrund unterschiedlicher Erfahrungen individuell entwickeln.

Im nächsten Kapitel wird ausgeführt, was diese Erkenntnisse für die Arbeitswelt bedeuten und wie man fruchtbar damit umgehen kann.

3

Menschliche Eigenheiten in der Arbeitswelt

Die besondere Arbeitsweise unseres Gehirns führt zu vielen Eigenheiten und Kalamitäten. Ein Kernproblem ist, dass wir nicht aus uns heraustreten können, um uns zu beobachten, wie wir die Welt beobachten. Deswegen wurden für die Arbeitswelt Techniken geschaffen, um uns darin zu unterstützen. Solche lassen sich gewinnbringend einsetzen, wenn man bereit ist, die eigenen „blinden Flecken" zu hinterfragen.

Anhand typischer beruflicher Herausforderungen wird geschildert, wie man mit den Besonderheiten menschlichen Erlebens und Verhaltens umgehen kann.

Meinungsvielfalt, Kontroversen & Konflikte

Ein beträchtlicher Teil von Arbeitszeiten und gedanklichen Ressourcen wird darauf verwendet, Meinungsvielfalt „unter einen Hut zu bringen" und mit Konflikten umzugehen. Auch wenn in solchen Divergenzen viel Potential liegt, ist die Gefahr stets groß, dass diese in unproduktive und demotivierende Streitigkeiten münden.

Destruktive Konflikte entstehen, wenn unauflösbare Ansichten oder unvereinbare Bewertungen aufeinandertreffen und wenn kein Verständnis dafür vorhanden ist, dass eine andere Sichtweise auch ihre Berechtigung hat. Jeder versucht, seine Sichtweise vergeblich durchzusetzen. Entwickelt man eine gemeinsame Wahrnehmung, löst sich ein Konflikt auf. Dies ist aber in vielen Fällen (neuronal) nicht möglich.

Betrachten Sie in Ruhe das folgende, verrauschte Bild. Können Sie darauf irgendetwas erkennen?

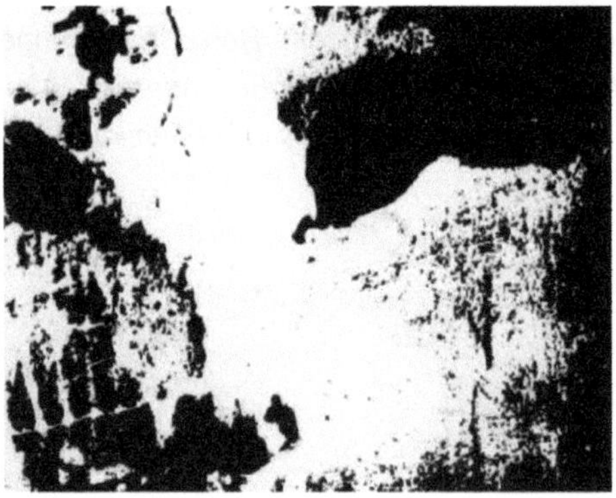

Abbildung 10: Dallenbach, K. M. (1951). A puzzle-picture with a new principle of concealment. The American Journal of Psychology, 64, S. 432

Etwa 20 Prozent aller Leser sehen hier spontan eine Kuh, die überwältigende Mehrheit erkennt diese jedoch nicht. Wenn die Kuh aber einmal erkannt und gespeichert wurde, ist es unmöglich, diesen Seheindruck zu unterdrücken. Einmal erkannt, kann man die Kuh nie wieder ignorieren, denn dieser Seheindruck ist nun neuronal verankert. Lernen hat eine veränderte Betrachtung der Umwelt zur Folge. Wenn nun verschiedene Menschen dieses Bild betrachten und einige sehen eine Kuh, die anderen nicht, wer ist dann im Recht?

Abbildung 11: Edward H. Adelson (1995)

Betrachten Sie nun auf dem Schachbrett die Felder A und B. Welches Feld ist dunkler, A oder B?

Wie würden Sie reagieren, wenn jemand behauptete, dass die Felder A und B einen identischen Farbwert haben? Vermutlich würden Sie widersprechen. Aber Ihr Gegenüber hätte Recht. Denn die Felder A und B besitzen einen identischen Farbton. Ihre Erfahrungen mit Schachbrettern lässt sie diesen physikalisch nicht vorhandenen Farbunterschied sehen. Wenn Sie dies bezweifeln, schauen

Sie einfach den *empaclip.de/50* dazu an.

Bei „Kuh“ und „Schachbrett“ handelt es sich um simple Reize, im Unterschied zu den multikomplexen Situationen im Arbeitsleben. Dort prallen vielfältige Wahrnehmungen, Bewertungen und Erinnerungen täglich unvereinbar aufeinander.

Das Kernproblem ist, dass man nicht aus sich heraustreten kann. Sieht man die Farbtöne des Schachbrettes unterschiedlich, kommt man nicht auf den Gedanken, dass es sich um einen identischen Farbton handeln könnte.

2006 wurde in Münster eine umfangreiche Untersuchung an Schülern und Studenten durchgeführt. Es zeigte sich, dass über zwei Prozent an einer erblichen Prosopagnosie (Gesichtsblindheit) leiden – also der Unfähigkeit, eine Person nur anhand ihres Gesichtes zu erkennen [‹›]. Dieses Phänomen wurde 1947 erstmals beschrieben. Prosopagnosie war zuvor unbekannt, denn den Betroffenen bleibt dies verborgen. Gesichtsblinde können nicht aus sich heraustreten, um festzustellen, dass sie abweichend wahrnehmen. Durch die Unterscheidung von Stimme, Frisur, Bewegung oder Größe nutzen sie im Alltag andere Merkmale. Ähnlich verhält es sich mit einer Rot-Grün-Schwäche. Auch hier sind sich die Betroffenen keines Defizits bewusst, sie nutzen andere Strategien, etwa dass ein rotes Verkehrssignal oben angebracht ist. Dass heute Menschen um ihre Rot-Grün-Schwäche wissen, liegt an Routineuntersuchungen in ihrer Kindheit.

Gesichtsblindheit in Münster

Kennerknecht, I., Grueter, T., Welling, B., Wentzek, S., Horst, J., Edwards, S. & Grueter, M. (2006). First report of prevalence of nonsyndromic hereditary prosopagnosia (HPA). American Journal of medical genetics, 140A, 15, 1617–1622

Menschen mit einer Prosopagnosie erfahren dies selten. Und wenn sie es erfahren, können sie nur erstaunt zur Kenntnis nehmen, dass es andere Sichtweisen gibt. Sie selbst sind blind für ihre eingeschränkte Fähigkeit (*empaclip.de/60*).

Konflikte eskalieren dadurch, dass man nicht begreift, dass ein anderer Mensch etwas nicht (ein-)sieht. Dies führt zu Unverständnis und Frustration. Nicht selten wird die Sachebene verlassen und die Person angegriffen, da dieser Uneinsichtigkeit eine Absicht unterstellt wird. Verletzende Zuschreibungen und Beleidigungen sind die Folge.

Die Duldung unterschiedlicher Beobachtungen, Erinnerungen und Bewertungen ist Voraussetzung jeglicher Konfliktlösung und Konfliktprävention. Die Mediation als Schlichtungsverfahren bedient sich sehr erfolgreich in verschiedenen beruflichen Handlungsfeldern dieses Ansatzes. Sehen Sie dazu den *empaclip.de/65*. Das Kernprinzip einer Mediation lässt sich in vielen Arbeitssituationen nutzen, um Konflikte aufzulösen oder, besser noch, zu vermeiden.

Wir alle haben charakteristische Betrachtungen unserer Welt und unterscheiden uns damit von unseren Mitmenschen. Aber wir können nicht aus uns heraustreten, um unsere Besonderheiten festzustellen. Wir wissen nicht um unsere blinden Flecken!

Im Arbeitsleben lässt sich diese Blindheit durch einen kollegialen Austausch oder etwa Supervision auf die Spur kommen. Solch eine Selbstreflexion ist in vielen sozialen, pädagogischen und therapeutischen Arbeitsbereichen verbreitet und hält zunehmend auch in der Wirtschaft, meist in Form von Coaching, Einzug. Voraussetzung ist allerdings, dass man dazu bereit ist, liebgewordene Wahrnehmungen und Ursache-Wirkungs-Zusammenhänge zu hinterfragen. Die eigene Wahrnehmung und Bewertung der Welt ist nur eine von vielen Möglichkeiten. Für viele Zusammenhänge und Unterschiede, die andere sehen, sind wir blind.

Hilflosigkeit, Anpassung und Innovation

Die Plastizität, also Veränderungsfähigkeit des Gehirns, birgt den phantastischen Vorteil, zeitlebens auf alle besonderen Anforderungen mit neuronalen Anpassungen reagieren zu können. Man weiß etwa, dass junge Menschen einen größeren Bereich zur Steuerung des Daumens im motorischen Kortex herausgebildet haben [‹›]. Dies spiegelt ihr Nutzungsverhalten bezüglich der Smartphones wider. Ähnliche Anpassungen des Gehirns sind auch von Musikern oder Taxifahrern bekannt. Bei Letzteren sind die ausgeprägten Areale für räumliche Orientierung vermutlich bald nicht mehr feststellbar – dem Navigationsgerät sei Dank.

Smartphones & Gehirne

Gindrat, A.-D-, Chytiris, M., Balerna, M. Rouiller, E.M. & Ghosh A. (2015). Use-Dependent Cortical Processing from Fingertips in Touchscreen Phone Users. Current Biology, 25, 109-116

Aber die Formbarkeit des Gehirns stellt nicht nur eine Bereicherung dar, sie kann sich auch ungünstig auswirken. Denn einmal Erlerntes lässt sich schwer überwinden. Beispielsweise wirken einmal erworbene Ängste nachhaltig und verhärten sich im Zusammenspiel mit Vermeidungsstrategien. Einer Situation aus dem Wege zu gehen oder eine angstbesetzte Aufgabe abzulehnen geht mit einem Gefühl der Erleichterung einher. Das ausweichende Verhalten wird belohnt und die neuronale Verankerung dieser Verhaltensstrategie gefestigt. Langfristig können solche Impulse unbeherrschbar werden und zu Einschränkungen und Leidensdruck bei den Betroffenen führen.

In anderen Lebenssituationen wird Missliches ertragen, da es (fälschlicherweise) als alternativlos empfunden wird. Martin Seligmann hat dazu ein

Erlernte Hilflosigkeit & Depressionen

Seligmann, M. E.P. (1975). Helplessness: On Depression, Development, and Death. San Francisco, Freeman

bemerkenswertes Experiment durchgeführt. In diesem zeigte er, dass Hunde, die mehrmals einen Stromschlag erleiden mussten, diesen weiterhin regungslos ertrugen, auch wenn sie vor diesem nun aufgrund eines geöffneten Tores fliehen konnten. Er nannte dieses Phänomen „erlernte Hilflosigkeit" [‹›] (*empaclip.de/70*). Genauso ertragen Menschen Gewalt und Missbrauch, ohne sich aus solchen Situationen befreien zu können. Die betroffenen Frauen, Kinder oder Männer sehen keine Alternative, obwohl es durchaus Beratungs- und Hilfsangebote gäbe. Sie haben nicht gelernt und sehen nicht, dass es andere Arten und Normen des Miteinanders gibt. Menschen in depressiven Episoden verlieren sich ebenfalls in solch hilflosen Zuschreibungen.

Aber auch in vielen Alltagssituationen und im Beruf werden mögliche Alternativen gar nicht oder zumindest nicht als gangbar erkannt. In der Folge richtet man sich ein und hält andere Möglichkeiten für schlichtweg nicht existent. In Unternehmen bestärken sich Mitarbeitende in ihrer kollektiven Hilflosigkeit auf einem einmal eingeschlagenen Pfad.

In diesem Zusammenhang ist ein (umstrittenes) Experiment des US-amerikanischen Verhaltensforschers Harry Harlow an Rhesusaffen bezeichnend. Die Affen konnten in ihrem Käfig mittels einer Leiter an eine Nahrungsquelle gelangen. Doch jedes Mal, wenn dies ein Affe versuchte, wurde die ganze Gruppe zur Strafe mit eiskaltem Wasser abgespritzt. Mit der Zeit lernte die Gruppe, dieses Verhalten zu unterbinden. Die Nahrung war tabu. Nun tauschten die Forscher einen Affen aus der Gruppe aus. Der neu Hinzugekommene versuchte recht bald, die Leiter zu erklimmen. Die anderen Affen, in Erinnerung an die unangenehme Erfahrung, hielten diesen jedoch davon ab, bis er seine Versuche aufgab. Dann wurde ein weiterer Affe ausgetauscht und es passierte das Gleiche. Dies wiederholte sich fünfmal, bis kein Affe je am eigenen Leib das kalte, klare Wasser gespürt hatte. Trotzdem wurde das Vermeidungsverhalten aufrechterhalten (*empaclip.de/80*).

Es ist anzumerken, dass die Authentizität des Experiments bezweifelt wird. Wie dem auch sei, seine Popularität verdankt es seiner vielseitigen Übertragbarkeit. In Unternehmen bestimmen überlieferte Erfahrungen nachhaltig die sozialen Wirklichkeiten, auch wenn diese schon längst keine Gültigkeit mehr haben. „Es macht keinen Sinn sich einzubringen, es hat sich sowieso nie etwas geändert."

Spannend sind Beispiele von Organisationen, die den Bann einer erlernten Hilflosigkeit durchbrechen. 2014 gewann eine staatliche Schule in Frankfurt den „Deutschen Schulpreis". Die Schule hat ihre Klassenverbände aufgelöst und die Schüler und Schülerinnen in jahrgangsübergreifenden Lerninseln organisiert. Die Gliederung einer Schule in Parallelklassen und Jahrgangsstufen ist für eine staatliche Schule nicht alternativlos.

Ein anderes Beispiel stammt von einem Träger der Altenhilfe am Niederrhein. Dieser hat sich zugunsten einer flexiblen Arbeitszeitregelung von den überall üblichen Anfangszeiten der Dienste (6:00, 14:00 und 22:00 Uhr) verabschiedet. Die Mitarbeitenden können individuell entscheiden, wann ihre Schichten jeweils anfangen sollen. Dies setzt natürlich eine andere Arbeitsorganisation voraus, in der die Bewohner etwa zu unterschiedlichen Zeiten geweckt werden.

Eine Voraussetzung von etwas Neuem ist es, erlernte Muster aufzubrechen und eigene sowie kollektiv erlernte Hilflosigkeiten und gedankliche Festlegungen aufzulösen.

Etwas Neues entsteht vor allem durch eine Kombination bisher getrennter Denkmuster. Bei manchen Menschen treten solche Assoziationen in beneidenswerter Weise auf. Aber solche Assoziationen lassen sich mit Techniken ebenso gut hervorrufen. Dabei gilt: Je mehr Erfahrungen, Eindrücke und Wissen vorhanden sind, umso größer der gedankliche Fundus, aus dem geschöpft werden kann. Für fachliche Anregungen bieten sich Tagungen, Kongresse, Messen, Fachliteratur, Hospitationen, kollegialer Austausch, Benchmark-Analysen und vieles mehr an. Auch der Transfer aus anderen Bereichen wie der Kunst oder Wissenschaft ist eine ergiebige Quelle. Eine spontane Idee mag beim Baden, Joggen oder Saunieren kommen, die Grundlagen dazu müssen aber zuvor durch vielfältige Erfahrungen gelegt werden.

Hat man keine spontanen Ideen, kann man diese durch einfache Kniffe hervorrufen. Dazu ein kurzes Beispiel:

In Ihrer Arbeitsstätte soll der Eingangsbereich neu gestaltet werden. Sie sind in einer Arbeitsgruppe, um dies aus der Kundenperspektive mitzudenken. Hilfreich wäre es etwa, alle möglichen Eingangsbereiche, die man in nächster Zeit passiert, zu beobachten – oder ein altes Lexikon zur Hand zu nehmen. Schlagen Sie dieses an beliebigen Stellen auf und schreiben Sie fünf Begriffe heraus. Falls Sie kein Lexikon zur Hand haben, so gehen Sie durch Ihre Wohnung oder Arbeitsräume und notieren Sie die erstbesten Gegenstände. Beantworten Sie nun folgende Fragen:

Welche spontanen Gedanken haben Sie bezüglich dieser Gegenstände?

Wie könnten sich diese Gedanken auf eine mögliche Gestaltung des Eingangsbereiches übertragen lassen?

Probieren Sie es anhand der folgenden Tabelle. Schreiben Sie zu jedem Begriff Ihre spontanen Gedanken auf und leiten Sie Ideen für Gestaltungen ab.

Begriff	**Assoziationen**	**Ideen für Gestaltungselemente**

Ich habe dies für fünf zufällige Gegenstände durchgespielt: Glas, Regenschirm, Stereoanlage, Handtuch und Waschmaschine.

Tabelle 1: Gestaltung eines neuen Eingangsbereiches – beliebige Begriffe und verbundene Assoziationen führen zu Ideen

Begriff	Assoziationen	Ideen für Gestaltungselemente
Glas	Zerbrechlich, durchsichtig, trinken, anstoßen, Wasser	o Heller Raum o Begrüßung o Notrufnummern o Wasserspender o Feuerlöscher
Regenschirm	Schutz, bunt, Ständer, aufspannen, Regenbogennation, Schirmherrschaft, Sturm	o Schutzdach am Eingang o Leih-Regenschirme o Offen für alle o Weltzeituhr o Infos über Stakeholder o Windfang
Stereoanlage	Musik, Technik, Boxen, Kabel, Unterhaltung	o Musik o Geräuschpegel o WLAN, Zeitungen o (USB-)Steckdosen o Aufbewahrungsboxen
Handtuch	Trocknen, Badezimmer, sauber, Hygiene	o WC & Hygieneartikel o Leicht sauber zu halten o Spiegel o Schuhputzautomat
Waschmaschine	Laut, rüttelt, Geruch, Wäscheständer	o Garderobe o Drehtür o Abziehbare Polstergarnituren

Dieses einfache Verfahren, allein oder in Gruppen angewendet, führt zu vielen Ideen und Anregungen. Unternehmen, die auf Kreativität angewiesen sind, benutzen solche Techniken nachhaltig.

Es gibt eine Vielzahl von Moderations- und Kreativitätstechniken, mit deren Hilfe man sich vom Bestehenden lösen und Neues kombinieren kann. Weitere Instrumente finden Sie auf *kunstderarbeit.de* wie beispielsweise *empaclip 90* und *95*.

Rationalität und Irrationalität oder die Schwierigkeit, richtige Entscheidungen zu treffen

Organisationen basieren auf Entscheidungen. Jede Entscheidung ist aber auch eine Mitteilung an die Umwelt, dazu gehören die Gedankenwelten der Mitarbeitenden, dass ausdrücklich andere Wege außer Acht gelassen werden. Entscheidungen reduzieren eine nicht zu überblickende Komplexität und lösen damit Unsicherheiten auf. Deswegen ist es für die Akteure in einer Organisation unerlässlich, um nicht im Meer der unbegrenzten Möglichkeiten zu versinken, fortwährend Entscheidungen zu treffen. Und die Anzahl der Entscheidungen, die getroffen werden, nimmt zu. Supermärkte führen heute bis zu 20.000 und Baumärkte bis zu 200.000 Artikel. Dies ist nicht nur für die Kundschaft, sondern auch für Produzenten, den Ein- und Verkauf, Werbestrategen und Verbraucherschützer eine Herausforderung. Eine fortschreitende Differenzierung von Produkten und Leistungen lässt sich heute in nahezu allen Bereichen beobachten.

Organisation & Entscheidung

Luhmann, N. (2011). Ein Standardwerk zur Organisationstheorie. VS-Verlag, Wiesbaden

Entscheidungen schaffen dabei stets Fakten, die wiederum Grundlage für weitere Entscheidungen sind.

Man kann sie bezüglich ihres mentalen Aufwands in verschiedene Arten unterteilen. Es gibt routinierte Entscheidungen. Bei der morgendlichen Fahrt zur Arbeit wird die Richtung ohne Nachdenken eingeschlagen. Es gibt im Arbeitsleben stereotype Entscheidungen, die durch Regeln oder Gewohnheiten gebahnt sind, etwa die Anrede in einer eMail. Dann gibt es Entscheidungen, die eine Abschätzung verschiedener Optionen beinhalten. Schreibt man in einer heiklen Angelegenheit eine eMail, ruft an oder sucht den persönlichen Kontakt? Und schließlich gibt es kreative Entscheidungen, die Optionen sind kaum vorgegeben, beispielsweise neue Strategien für eine Marketingkampagne.

Zunehmend werden mental fordernde Entscheidungen verlangt. Mitarbeitende müssen vielschichtige Problemlagen durchdringen und danach handeln, etwa die Konsequenzen technischer und gesellschaftlicher Veränderungen oder neuer Gesetzeslagen.

Und hier wird die Entscheidungsfindung zur Kunst. Denn viele Annahmen entpuppen sich, wie im vorigen Kapitel schon dargelegt, bei näherer Betrachtung als trügerisch.

Die Aussage „je mehr Fastfood Menschen konsumieren, ums so gesünder und älter werden sie“ ist statistisch hochsignifikant und richtig. Allerdings hat es nichts mit dem Essen zu tun – der Zusammenhang erklärt sich anders.

Es gibt einen starken Zusammenhang zwischen der durchschnittlichen Lebenserwartung und der Verbreitung von Fastfoodketten. In Regionen und Ländern mit hohem Fastfoodverbrauch werden die Menschen alt. Denn die Dichte an Fastfoodketten ist ein Indikator für den Reichtum einer Region und somit die Güte seines Gesundheitssystems. Im Gegensatz zu Deutschland gibt es in manch ärmeren Weltregionen keine Filialen der einschlägigen Ketten (*empaclip.de/100*).

Beobachtete Zusammenhänge führen leicht zu falschen Schlussfolgerungen und liefern damit irreführende Entscheidungsgrundlagen.

Dabei bringen uns schon scheinbar einfache Zusammenhänge aus dem Konzept. Würden Sie beim Lotto Ihr Geld auf die Ausziehung der gleichen Zahlen wetten, die in der Vorwoche gezogen wurden? Vermutlich nicht. Sie könnten dies ruhig tun. Die Chance, dass die gleichen Lottozahlen zweimal hintereinander gezogen werden, ist genauso groß wie alle anderen Kombinationen. Die Kugeln haben kein Gedächtnis. Hier verwirrt uns das Wissen um einen anderen Zusammenhang. Wir haben gelernt, dass nach hundertmal würfeln alle Ziffern etwa gleich oft oben liegen. Deswegen glauben wir irrtümlicherweise, dass die Chance, dass die gleichen Zahlen mehrmals hintereinander gezogen werden, geringer ist.

Immobilienblasen, Bankenkrisen oder Flughafenbauten haben im großen Stil gezeigt, dass berufliche Entscheidungen von großen und kleinen Irrationalitäten geprägt sind. Aus dem Straßenverkehr ist der Bystander-Effekt bekannt: Ein fatal ablaufender Prozess der wechselseitigen Bestätigung im Nichthandeln. Keiner leistet Erste Hilfe, da es auch kein anderer macht. In vielen Arbeitssituationen bleiben kritische Hinweise aus, weil jeder Einzelne denkt, dass wenn keiner etwas sagt, es so schon in Ordnung sein wird. Die kurzfristige Absage des Umzuges von Tegel ins neue Flughafengelände ist wohl nur durch dieses Phänomen zu erklären. Ausgeprägte Hierarchien verstärken diesen verhängnisvollen Effekt.

Zudem wird in der Gruppe oder im Team ein höheres Risiko akzeptiert, weil die Verantwortung für ein Misslingen nicht auf einen Einzelnen zurückzuführen ist. Es kommt in Gruppen schnell zu einer Ausblendung oder auch Verschiebung einer Risiko-Akzeptanz – entweder schleichend oder auch befeuert durch sozialen Druck. Die Teilnahme an riskanten Spekulationen von einst seriösen Landesbanken und Kommunen gab jüngst viele Beispiele dafür.

Leider führen verhängnisvolle Ereignisse zu erstaunlich wenig Einsichten. Dies ist einer menschlichen Neigung geschuldet: Denn im Nachhinein wussten alle, dass die Immobilienblase irgendwann platzen musste, oder dass die Aktien von Apple, Google und Amazon immens steigen würden. Dummerweise haben wir sie nicht gekauft. Diese verbreitetet Illusion nennt man den systematischen Rückschaufehler. Da man meint, Vergangenes vorausgesehen zu haben, findet kein Lernen statt und ähnliche Fehler nehmen über kurz oder lang ihren erneuten Lauf.

Und noch ein Phänomen ist bezüglich der Güte von Entscheidungen bedeutsam. Viele Arbeitswelten sind zunehmend geprägt von Unsicherheiten und Risiken, ausgelöst durch einen steigenden Markt- und Wettbewerbsdruck sowie gravierende technologischen Veränderungen. Dieser empfundene Druck hat Folgen. Denn Druck und Angst schränken das Denken ein. Menschen, die permanent in einem Gefühl der Unsicherheit, Furcht und Zeitnot agieren, wenden ihre geistigen Ressourcen auf die kurzfristige Abwehr der vermeintlichen Gefahren. Was entsteht, ist ein problemzentrierter Tunnelblick, eine Unfähigkeit, sich von einer furchtsam empfundenen Lage zu lösen. In der Wissenschaft spricht man in diesem Zusammenhang von einer „Lageorientierung", die dauerhaft in einen Zustand der Rumination, also in eine fortwährende problemzentrierte Fixierung, übergeht [‹›]. Eine solche gedankliche Fixierung schränkt

Handlungs- & Lageorientierung

Kuhl, J. (1983). Handlungs- und Lageorientierung als Vermittler zwischen Intention und Handeln. In W. Hacker, W. Volpert, & M. von Cranach (Eds.), Kognitive und motivationale Aspekte der Handlung, Bern, Huber, 76-95

die Möglichkeit, alternative Lösungswege zu erkennen und weiterführende Entscheidungen zu fällen, ein. Wird dem nicht konstruktiv entgegengesteuert, entsteht schnell ein fataler Kreislauf. Druck von außen führt zur gedanklichen Starre. Dies verhindert, dass passende Lösungen erkannt und angemessene Entscheidungen getroffen werden, und der Druck steigt weiter an.

Wie schnell äußere Anforderungen zu bizarren Verhaltensweisen führen, zeigt eine Untersuchung an der Princeton University. Studierende der Theologie wurden unter Zeitdruck gesetzt und mussten sich dann beeilen, ein anderes Gebäude zu erreichen, um dort eine Radioandacht zu halten. Thema war das vorbildliche Verhalten des barmherzigen Samariters. Auf dem Weg dorthin hatte man eine „verletzte" Person drapiert. Doch nur zehn Prozent der angehenden Theologen hielt an, um Erste Hilfe zu leisten. Alle anderen verharrten im Tunnelblick ihrer wichtigen Aufgabe und gingen achtlos und unsamariterhaft an der „verletzten" Person vorbei. Unter Zeitdruck gesetzt, warfen sie die kurz danach im Radio angepriesenen Werte für sich selbst über Bord [‹›] (*empaclip.de/110*).

Samariter unter Zeitdruck

Darley, J. M., & Batson, C. D. (1973). From Jerusalem to Jericho: A study of Situational and Dispositional Variables in Helping Behavior. Journal of Personality and Social Psychology, 27, 100-108

Die Kunst, eine nach allen Gesichtspunkten optimale Entscheidung zu treffen, ist für den Einzelnen und für jede Organisation eine Herausforderung. Auf vielen Feldern wird inzwischen ein evidenzbasiertes Vorgehen gefordert. Nicht vermutete Ursache-Wirkungs-Zusammenhänge, sondern überprüfte Zusammenhänge müssen die Grundlage für Entscheidungen bilden. Dafür muss der wissenschaftliche Stand sorgfältig recherchiert und eingeordnet werden. Kurzum: Entscheidungen brauchen Zeit und Strategien.

Grundsätzlich können Mitarbeitende nur dann hilfreiche Entscheidungen treffen, wenn sie über alle Informationen verfügen, langfristige Zielsetzungen verinnerlicht haben, die Bedeutung ethischer Standards (Werte) auf ihren Arbeitsalltag übertragen können und Strategien verwenden, die helfen, die Komplexität vieler Entscheidungsfindungen unter Minimierung subjektiver Verzerrungen zu beherrschen. Schließlich ist es für jeden Einzelnen und jede Organisation wichtig, aus vorangegangenen(Fehl-)Entscheidungen zu lernen.

Richtig entscheiden – alles eine Frage von Technik

Techniken, Modelle und Methoden für strategisches Entscheiden finden Sie in diversen *empaclips* unter *kunstderarbeit.de*

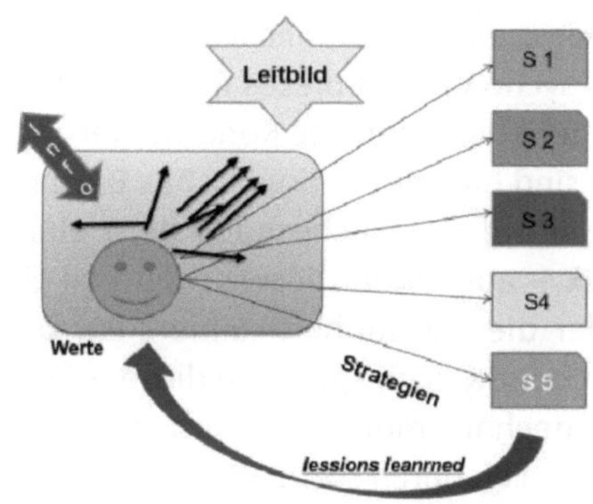

Abbildung 12: Voraussetzungen einer optimalen Entscheidungsfindung sind die Recherche aller relevanten Informationen, die Orientierung an den langfristigen Zielen und einer ethischen Grundhaltung sowie die Verwendung geeigneter Strategien und Techniken

Weiteres zum Thema finden Sie in weiterführenden Publikationen auf *kunstderarbeit.de*.

Zusammenarbeit im Team

Für neue Mitarbeitende in einer Organisation oder in einem Team sind die ersten Monate prägend. Werden in dieser Zeit keine Interpretationen für die Geschehnisse angeboten, erfolgt die Einordnung aufgrund bisheriger Erfahrungen. Welches Verhalten ist erwünscht und lohnt sich kurz-, mittel- und langfristig?

Strategien, die einmal zu einem positiven Ergebnis geführt haben, werden schnell verinnerlicht. Solche erkannten Kausalitäten erfahren, getriggert durch ein dopaminerges Belohnungssystem im Gehirn, eine erstaunliche neuronale Bahnung. In der Psychologie ist dieses Phänomen als Verstärkung oder auch operante Konditionierung bekannt. Süchte sind hierfür ein drastisches Beispiel. Abhängige sind auf der Suche nach dem einmal erlebten Kick – auch wenn inzwischen viel Geld verloren oder die Gesundheit ruiniert ist. Drogen wie Nikotin oder Kokain sprechen diese mächtigen Verstärkermechanismen im Gehirn direkt an. Im Alltag bildet sich durch solche Belohnungsempfindungen eine Vielzahl von Verhaltensimpulsen, Motivationen, Vorlieben und Neigungen und leider auch Unsitten heraus. Bestimmte Verhaltensweisen werden in der Folge präferiert.

Verhalten & Belohnung

Charlet, K. & Heinz, A. (2012). Funktion & Neuroanatomie des Belohnungssystems. Neurologie & Psychiatrie, 14, 10, 44-52

Ein Arbeitsanfang hat für beide Seiten ein besonderes Moment. Als Organisation, Führungskraft oder Team ist es wichtig, Interpretationen und Erklärungen anzubieten, denn es ist nicht davon auszugehen, dass Sachverhalte automatisch wie gewünscht gedeutet werden. Für neue Mitarbeitende ist es wichtig, die relevanten Reize und Kausalitäten zu erkennen und Belohnungen durch ein positives Feedback zu erfahren. Das wirksame Medium ist hier die Kommunikation. Diese sollte in einer solch vulnerablen Phase nicht zufällig, sondern regelmäßig und strukturiert erfolgen.

Der Mensch ist als ein soziales Wesen auf Gemeinsamkeit ausgerichtet und entwickelt rasch eine Verbundenheit mit seinen Mitmenschen. Denn geteilte Erlebnisse und Zeit führen dazu, dass neuronale Bahnungen in ähnlicher Form angestoßen werden und man sich zunehmend besser „versteht“. Aber die Herausbildung einer solch ähnlichen Betrachtungs- und Interpretationsweise braucht Zeit und intensiven Austausch. In Familien und Freundeskreisen lässt sich gut beobachten, wie sich Sprache, Humor, Interessen und Bewertungen angleichen.

In kurzlebiger Projektarbeit ist dazu selten Raum. In kürzester Zeit muss man, teilweise über sprachliche und kulturelle Barrieren hinweg, ein gemeinsames Verständnis entwickeln. Unterschiedliche Sichtweisen können, wenn klug genutzt, ein produktives Reservoir bilden. Sie besitzen aber auch das Potential für Missverständnisse, Fehlschlüsse, Reibungen und vertane Mehrarbeit. Abstrakte Begrifflichkeiten wie Empowerment, Compliance, Bindung, Loyalität, Risiko oder Wertschätzung sind schon im selben Sprachraum und bei sich nahestehenden Menschen mit unterschiedlichen Bedeutungen und Vorstellungen belegt. Bei sich fremden Menschen ist kaum davon auszugehen, dass hier ein gemeinsames Verständnis besteht. Eine ausführliche und kontinuierliche Klärung von Aufträgen, Zielen, Begriffen, aber auch Bewertungen, Empfindungen und Sichtweisen ist für eine produktive Teamarbeit unentbehrlich. Oftmals nimmt man diese fälschlicherweise als gleich oder ähnlich gegeben an. In der Folge entstehen diffuse, zentrifugale Kräfte, zum Leidwesen aller Beteiligten. In einer virtuellen Zusammenarbeit via eMail oder Messenger-Dienste fehlen zudem die feinen Nuancen durch Mimik, Stimmlage und Betonungen. Missverständnisse werden dadurch nicht nur wahrscheinlicher, sie bleiben auch unentdeckt.

Fazit

Entscheidungen, Konflikte, Innovationen oder die Einbindung und Motivation von Mitarbeitenden sind von individuellen Wahrnehmungen und Denkmustern geprägt. Diese unterschiedlichen Empfindungen und Triebkräfte zu verstehen, ist Voraussetzung, um mit Kolleginnen und Kollegen umzugehen.

Techniken wie der kontrollierte Dialog, Prinzipien einer Mediation oder das Havard-Prinzip können destruktive Spannungen und Konflikte auflösen. Strategien wie ein morphologischer Kasten, Storyboarding, Analogietechniken, Papiercomputer oder agile Methoden wie Service Design Thinking, Scrum, Daily Standups, Retrospektiv-Meetings oder Poka Yoke können Arbeitsprozesse, Kommunikation, Entscheidungen sowie Innovationen fördern. Sehen Sie dazu beispielsweise die *empaclips 65, 90, 95, 120, 130* oder *180*. Auf *kunstderarbeit.de* finden Sie weiterführende Publikationen.

Ein wichtiger Faktor für eine produktive Zusammenarbeit ist die Kultur eines Unternehmens. Was es mit dieser Unternehmenskultur auf sich hat und wie sich diese gestalten lässt, lesen Sie im nächsten Kapitel.

4

Unternehmenskultur oder die Suche nach dem Heiligen Gral

Das Thema Unternehmenskultur gleicht der Suche nach dem Heiligen Gral: Man wird diesen nie finden, aber allein die unverdrossene Suche ist ehrenhaft. Und wie bei einem Goldrausch profitieren zumindest Whiskey- und Spitzhackenverkäufer davon.

Im Hinblick auf Unternehmenskultur setzten die McKinsey-Berater Tom Peters & Robert Waterman anfang der 80er-Jahre einen Meilenstein. Sie befragten Unternehmen nach den Gründen für ihren Erfolg. Abgesehen von guten Produkten und stabilen Märkten schienen Motivation und Identifikation der Mitarbeitenden dafür entscheidend zu sein [‹›]. Diese Erkenntnis war natürlich nicht neu, aber sie reichte aus, um als „New Management Thinkers" die Szene aufzumischen und „neue" Beratungsleistungen teuer zu verkaufen.

New Management Thinkers

Peter, T. J. & Waterman, R. W. (1982). In Search of Excellence. Lessons from America's Best Run Companies. Harper & Row

Deal, T. & Kennedy, A. (1982). Corporate Cultures. Addison Wesley, Reading, 126

Schon lange zuvor hatte man in vielfältigen Studien erkannt, dass persönliche Anerkennung und wertschätzende Beziehungen, also „das Miteinander", maßgebliche Antriebe für individuelle Leistungen sind [‹›]. Neu war nun, dass die Kultur-Metapher in den Vordergrund rückte. Nach dieser besitzt jedes Unternehmen eine „Persönlichkeit" oder „Seele", die – richtig geformt – ins unternehmerische Glück führt.

Hawthorne-Studien

Diese wurden in den 1920ern in den Hawthorne-Werken durchgeführt. Die Ergebnisse zeigen, dass menschlich-soziale Beziehungen von hoher Bedeutung für die Produktionsleistung sind. In der Psychologie wurden seitdem die zwischenmenschlichen Beziehungen am Arbeitsplatz (Human-Relation-Ansatz) Gegenstand zahlreicher Untersuchungen.

Roethlisberger, F. J & Dickson, W. J. (1941). Reviewed Work: Management and the Worker. The Economic Journal, 51, 202, 306-308

So weit, so gut.

Nur leider holte man sich damit komplizierte wissenschaftliche Fragestellungen ins Boot:

Kann man überhaupt eine Kultur beschreiben? Und wenn ja, wie geht man dabei vor?

Unstrittig ist, dass Kultur im Gegensatz zur Natur etwas vom Menschen Geschaffenes bezeichnet, und dass sich Kulturen in bestimmten Regionen und Epochen unterscheiden. Ferner gibt es keinen Dissens darüber, dass sich Kultur über längere Zeit entwickelt und den Menschen in seiner Entwicklung beeinflusst. Kultur prägt das Miteinander, die Sicht auf die Welt und die Art zu empfinden und auf Ereignisse zu reagieren.

Bezüglich des Zugangs zu einer Kultur scheiden sich aber die (ethnologischen) Geister.

Manche betonen, dass sich Kultur im Verhalten und in der Lebensweise zeige. Die Kultur wäre folglich von außen beobachtbar und könnte so analysiert und beschrieben werden.

Die Interpretation von äußeren Artefakten ist aber nicht eindeutig. Schuhe der Firma Dr. Martens sind für manche bequem und für andere ein politisches Statement. Eine zerrissene Jeans kann ein Zeichen für oder gegen Modebewusstsein sein. Viele Verhaltens- und Sprechweisen werden lediglich imitiert, ohne sich um deren Bedeutung zu kümmern. Welche kulturellen Rückschlüsse kann man dann aber aus Beobachtungen ziehen? Und finden Interpretationen und Einordnungen nicht durch die eigenbezügliche Brille des Beobachters statt?

Aufgrund dieser Einwände sehen andere einen Zugang zur Kultur weniger in der Beobachtung und Interpretation äußerer Merkmale, sondern vielmehr in den verborgenen Gedankenwelten der Akteure. Es müssen also Werte, Überzeugungen und Einstellungen ergründet werden.

Aber viele unserer handlungsleitenden Motive, Annahmen und Vorstellungen sind selbst uns verborgen und nicht bewusst. Wie können diese dann einem Dritten deutlich gemacht und von diesem verstanden werden?

Der Organisationspsychologe Edgar Schein hat beide Ansätze vereint, indem er das von Ernest Hemingway aufgebrachte Bild eines Eisberges zur Beschreibung menschlicher Charaktere auf die Unternehmenskultur übertrug. Das Sichtbare einer Kultur ragt demnach als kleine Spitze des im Wasser verborgenen, großen „innerpsychischen" Berges heraus.

Auch wenn das Eisbergmodell einprägend ist, hilft es in der Praxis kaum weiter. Denn diese Analogie erklärt nicht, wie innere Werte und äußerlich Sichtbares ineinandergreifen. Gleiche Verhaltensweisen können aufgrund von Zustimmung, Angst, Trotz oder gedankenloser Nachahmung gezeigt werden. Und gleiche Werte oder Annahmen können zu gegensätzlichen Schlussfolgerungen bezüglich angemessener Verhaltensstrategien führen. Manche empfinden als Ausdruck ihres christlichen Glaubens eine Abgrenzung zu anderen Religionen und andere eine Offenheit gegenüber diesen als konsequent.

Werte & Verhalten

Der gleiche Wert kann zu unterschiedlichen Verhaltensweisen führen und ein gleiches Verhalten kann auf unterschiedlichen Werten beruhen.
Beispielsweise kann Fürsorge dazu führen, dass ich die Alkoholkrankheit eines Kollegen verschweige oder offen anspreche.
Wenige Streitigkeiten können ein Zeichen von Toleranz oder von Gleichgültigkeit sein.

Die möglichen Zusammenhänge zwischen Haltungen und Verhaltensweisen sind so vielschichtig, dass sich daraus kein gemeinsamer Nenner, geschweige denn ein „Geist des Hauses", herauslesen ließe.

Kurzum: Die Versuche, das Konzept einer Unternehmenskultur nutzbar zu machen, hatten bisher wenig Erfolg. So wich die anfängliche Euphorie, einen Schlüssel zum nachhaltigen Unternehmenserfolg gefunden zu haben, einer Ernüchterung.

Ein weiteres Dilemma besteht darin, dass Kultur zwar Ausdruck menschlichen Verhaltens ist, aber auch etwas von Menschen Unabhängiges hat. Denn eine Kultur überdauert, auch wenn Personen, wie in einem Unternehmen üblich, wechseln. In diesem Zusammenhang wird auf eine „Eigendynamik" von Kulturen oder sozialen Systemen verwiesen.

Zu dieser Eigendynamik hat der Soziologe Niklas Luhmann eine reizvolle wie auch radikale Theorie formuliert. Denn für ihn sind Personen nicht Teil eines sozialen Systems, geschweige denn der daraus erwachsenden Kultur. Wie ist das gemeint?

An dieser Stelle muss ich Sie in eine vertrackte Gedankenwelt der Soziologie entführen, die schon manchen Studierenden zur Verzweiflung trieb. Aber mit der Beobachtung von Haustieren, Skulpturen und Bauklötzen hoffe ich, diese Ideen für Sie verständlich und nutzbar zu machen.

Die Ausgangslage ist eine systemische Sicht. Ein System, wie beispielsweise unser Sonnensystem, besteht aus Elementen (Sonne, Planeten, Monde), die in spezifischen Beziehungen miteinander verbunden sind und sich dadurch nach außen abgrenzen. In der Systemtheorie wird dies auf Personen übertragen. Mitarbeitende sind demnach Elemente, die in einer besonderen Relation (Hierarchien, Schnittstellen) miteinander verbunden sind. Betrachtet man in dieser Weise soziale Systeme, lassen sich Unternehmen, aber auch Familien oder Freundeskreise durch die Personen, die diese Systeme ausmachen, beschreiben und begrenzen.

So weit, so gut.

Aber der Bezug auf Menschen zur Beschreibung eines sozialen Systems ist nicht eindeutig. Denn derselbe Mensch kann Teil vieler Systeme und damit Kulturen sein. Luhmann hatte nun eine andere Idee. Nicht der Mensch als Ganzes, sondern nur sein Verhalten geht – von ihm losgelöst – in diverse soziale Systeme ein.

Dies möchte ich an Beispielen verdeutlichen:

Stellen Sie sich vor, Sie wären im Urlaub und beobachteten das Treiben auf einem Dorfplatz. Dort liefe ein kleiner Hund aufgeregt hin und her und hätte vielfältige Kontakte mit den Umherstehenden. Irgendwann würden Sie feststellen, zu wem der Hund gehört.

Woran würden Sie dies festmachen?

Nicht unbedingt daran, dass der Hund mit einer Person mehr, sondern dass er mit einer Person einen auffälligen Kontakt hätte. Möglicherweise ein Pfiff und ein kurzer Blick des Hundes. Sie würden also das soziale System „Hund-Hundebesitzer" an der besonderen Form der Kommunikation erkennen.

Oder stellen Sie sich vor, Sie säßen in Münster auf einer Parkbank neben einer Skulptur, die im Rahmen des Festivals „Skulptur Projekte" aufgestellt wurde. Viele Besucher gingen vorbei und reagierten mit Mimik, Gesten, Lachen, Kopfschütteln oder Bemerkungen. Sie würden in dem Besucherstrom aufgrund besonderer Kommunikationsabläufe allerlei Gruppen erkennen – Führungen, Familien oder Paare. Dabei könnte es sein, dass eine laute Bemerkung eines Einzelnen von vielen Gruppen aufgegriffen würde. Aber Bemerkung und Skulptur werden in jedem sozialen System anders kommentiert und führen damit jeweils zu anderen „Anschlusskommunikationen".

Kunst & Kommunikation

Die Vieldeutigkeit ist ein zentrales Wesensmerkmal der Kunst. Diese wird diskutiert und wahrgenommen, wenn unterschiedliche Lesarten und Meinungen entstehen. Frei nach Luhmann wäre die Eindeutigkeit von Kunst „das Ende" jeder Kunst. Aber genauso „am Ende" wäre diese, wenn sie völlig beliebig keinen Anschluss an bestehende Diskussionen böte.

Luhmann hebt hervor, dass jedes soziale System eine besondere Form der Kommunikation hat. In jeder Familie, Firma oder Gesellschaft werden Ereignisse anders diskutiert. Bildet sich ein Freundeskreis, entwickelt dieser über die Zeit einen besonderen „Kommunikationscharakter“ und grenzt sich auf diese Weise nach außen als ein eigenständiges soziales System ab.

Der Begriff der Kommunikation ist hier weit gefasst und bezeichnet alles, auf das Gedankenwelten von Menschen reagieren – also alles, was wir als eine neue Information und Mitteilung begreifen. Es können mündliche Aussagen, Pfiffe, Mimik, Gesten, eMails, aber auch Bücher, Schilder oder eine Skulptur sein. Geht eine Familie an letzterer vorbei und redet über diese, ist die Skulptur als Kommunikation, ähnlich einer Aussage, in das soziale System eingegangen. Aber der Kunstschaffende als Mensch ist nicht Teil des Systems „Familie“ geworden, sondern nur sein „Verhalten“, in diesem Fall seine kommunikationsauslösende Skulptur. Die Aussage einer Geschäftsführung oder ein Verkehrsschild mag als Appell verstanden werden, doch weder Körper und Gedanken noch das Blech des Schildes sind Teil sozialer Systeme. Ob und wie Kommunikationsangebote aufgenommen werden, hängt vom „Sinnverständnis“ des sozialen Systems ab. Die Aufforderung „Augen nach links“ wird bei der Bundeswehr anders verstanden als beim Optiker oder dem Verfassungsschutz.

Abbildung 13: Schwarze Schrift auf orangem Hintergrund. Militärische Verkehrsschilder sprechen militärische Fahrzeugführer an. Von allen anderen Verkehrsteilnehmern werden diese ignoriert.

Kein Mensch ist mit seiner nimmermüden Gedankenflut und seinen endlosen Verhaltensweisen zur Gänze Teil eines sozialen Systems, sondern immer nur einige „Verhaltensbruchstücke", und auch nur dann, wenn diese als „Kommunikationsangebote" wahrgenommen werden. Jegliches Verhalten kann somit, vom Verursacher bemerkt oder unbemerkt, in diverse soziale Systeme als Kommunikation einfließen. Eine Rundmail wird von verschiedenen Arbeitsgruppen unterschiedlich aufgenommen und diskutiert, selbst wenn die Gruppen sich teilweise aus denselben Mitarbeitenden zusammensetzen. Aber jede Gruppe hat ein eigenes Kommunikationsmuster und grenzt sich damit nach außen ab – und nicht über die anwesenden Personen.

Wird etwas als Information aufgegriffen, führt dieses fortan ein Eigenleben. Eine Mimik, Skulptur, Rundmail, Anordnung oder ein Gerücht entzieht sich, einmal losgelassen, der Kontrolle des „Senders". Man kann sie nicht zurückholen oder bestimmen, welche kommunikativen Folgen sie haben. Auch wenn die Skulptur inzwischen eingeschmolzen ist, kann sie Anschlusskommunikation erzeugen: „Weißt du noch in Münster, diese merkwürdige Skulptur und der Kerl daneben auf der Bank?"

Personen mit ihren Wahrnehmungen und Gedankenwelten sind nicht Teil, aber erforderliche Umwelt zu einem sozialen System. In einem Freundeskreis sind die Freunde mit ihren Gedankenwelten genauso Umwelt wie Darstellende im Fernsehen. Nicht die Personen mit all ihren Gedanken und Handlungen, sondern nur manches Gesagte oder Getane „irritiert" Anwesende und löst Reaktionen, also eine für das soziale System typische Anschlusskommunikation aus. Dabei werden in sozialen Systemen mitunter mehr Kommunikationsangebote „aus der Ferne" als von den direkt beteiligten Personen aufgegriffen. Lesezirkel diskutieren vornehmlich Bücher und definieren sich in der Folge durch die besondere Weise, über diese Literatur zu kommunizieren.

Allen Aussagen, Gesten und anderen „Kommunikationssplittern" haftet etwas Unvollständiges an. Man fragt sich stets, was einem Kunstschaffende, Freunde oder Vorgesetzte mit diesen Botschaften sagen wollen, da man weiß, dass Gesten und Gesagtes nur bruchstückhaft und verzerrt die eigentlichen Gedanken wiedergeben. Luhmann argumentiert, dass diese Irritation erforderlich sei, denn wenn alles eindeutig wäre, erfolgte keine Anschlusskommunikation und das soziale System käme zum Ende. Konsens und Verstehen bedrohen somit das Fortbestehen sozialer Systeme.

Ein soziales System ist also darauf angewiesen, fortwährend Anschlusskommunikation zu provozieren. Aber je länger soziale Systeme bestehen, umso charakteristischer und individueller werden die Kommunikationen und umso mehr grenzen (und schotten) sie sich dadurch nach außen ab.

Wer unbedarft zum ersten Mal den ansässigen Ortsverein einer Partei besucht, wird durch das Kommunikationsgeschehen wenig Anknüpfungspunkte zu seiner Gedankenwelt finden. Ebenso wird das soziale System „Ortsverein" mit den neuen Kommunikationsangeboten „fremdeln", da nur das, was in Bezug zur vorherigen Kommunikation als „sinnvoll" und somit anschlussfähig erscheint, aufgegriffen wird.

Geht man nun regelmäßig hin und versucht, seine Gedanken auf vielen Wegen einzubringen, kann dies das soziale System, also das Kommunikationsgeschehen, verändern. Allerdings nur, wenn sich jemand auf diese Eingaben bezieht und dadurch Anschlusskommunikation erfolgt.

Man kann sich hier Kommunikation wie den Bau eines Turmes aus Klötzchen vorstellen. Die gerade Anwesenden werfen munter Klötze in die Mitte, dort liegen schon diverse mit vielfältigen Formen herum. Unzählige bleiben unbeachtet, aber einige werden aufgegriffen und zum weiteren Bau verwendet. Erst wenn man selbst Klötze einbringt, können diese verbaut werden. Aber auch nur dann, wenn diese Klötze von jemandem aufgegriffen werden. Aber wie sich der Turm herausformt, liegt nie in einer Hand. Der Bau entwickelt sich in Abhängigkeit von den zuvor verbauten Steinen, und die aktuell verbauten stellen Weichen für den möglichen Weiterbau. Kommunikation in sozialen Systemen ist genauso selbstreferentiell wie die Ausstrukturierung und Arbeitsweise unseres Gehirns. Und tatsächlich hat sich Luhmann bei der Formulierung seiner Ideen auf neurobiologische Prinzipien bezogen. Die aktuelle Diskussion baut immer auf vorausgegangenen Kommunikationen auf und bildet gleichzeitig die Grundlage für weitere Diskussionen.

So weit in Kürze der Kunstgriff, soziale Systeme aus einer besonderen Eigendynamik zu betrachten. Man muss diesen Theoriegebilden nicht zustimmen und es tut gut, beizeiten diese Brille abzulegen, um sich nicht in einem systemischen Formalismus zu verlieren, der kluge Analysen zulässt, aber in der Praxis seine Grenzen hat. Einige sehr interessante Konsequenzen lassen sich daraus jedoch für den Arbeitsalltag und die Gestaltung von Unternehmenskulturen ableiten, diese werden im nächsten Kapitel erläutert.

5

Miteinander umgehen – Stellschrauben einer guten Kultur

Ist man dem kühnen Gedanken gefolgt, dass soziale Systeme nicht aus Personen, sondern aus Kommunikationen bestehen, werden diffuse Phänomene erklärbar und vielerlei Strategien zur Gestaltung unserer Arbeitswelt daraus ableitbar.

Kommunikation in der Arbeitswelt

Da Menschen ihre Gedanken nicht übertragen können, tun sie dies durch ein wechselseitig aufeinander ausgerichtetes Verhalten, das wir als Kommunikation bezeichnen. Soziale Systeme bestehen aus solcher Kommunikation, die Gedankenwelten der Mitarbeitenden sind deren Umwelt, denn es findet keine Telepathie statt. Kein „Absender" bestimmt dabei, was und wie etwas als Kommunikation aufgegriffen wird: Ein gedankenversunkenes Vorbeigehen kann als eine bedeutende Aussage interpretiert, ein glühender Appell kann überhört werden.

Kommunikation beginnt beim Empfänger

Sie können am Bahnhofsvorplatz stehen und heftig winken. Reagiert niemand, ist diese Kommunikation am Ende. Wenn doch, kann dies der Auftakt für viel Anschlusskommunikation sein.

Daher besteht keine Kontrolle über die eigene, geschweige denn über den Verlauf der Kommunikation in Unternehmen. Für Kommunikationsangebote gilt aber, dass diese sowohl „irritierend" als auch „anschlussfähig" sein müssen. Ein firmeninterner Newsletter erhält Aufmerksamkeit, wenn er auf Bekanntem aufbaut und zudem Neues enthält. Etwas wird also als Information aufgenommen, wenn es in Vorhandenes eingeordnet werden kann und ein Neuigkeitswert vorliegt.

„Nach der WM-Pleite in Russland plant der Bundestrainer überraschende Nominierungen für die kommende EM."

Die meisten werden hier verstehen, dass es um die deutsche Fußballnationalmannschaft geht.

Wulff und die Medien

Am Beispiel des Rücktritts des Bundespräsidenten Wulff lässt sich das Zusammenspiel von Medien und Öffentlichkeit gut beobachten. Die Öffentlichkeit war begierig nach neuen Informationen zur selben „Story". Dadurch waren die Medien verleitet, mehrmals am Tag neue „skandalöse" Informationen zu publizieren.

Ist aber einmal etwas als Information wahrgenommen worden, verliert es an Attraktivität und wird in der Folge zu einer Nicht-Information, büßt also das Potential, als Anschlusskommunikation aufgegriffen zu werden, ein. Hätte eine Zeitung jeden Tag die gleiche Meldung, würde sie keiner lesen. Somit müssen Sachverhalte stets eine neue „Komponente" erhalten, um weiter diskutiert zu werden. Stetige Veränderung durch Ergänzungen, Weglassen, Übertreibungen und Verharmlosungen ist notwendig, um den Kommunikationsfluss zu erhalten – erzählt man zweimal das Gleiche hört keiner mehr zu. Damit „verselbstständigt" sich jede Information und entfernt sich von dem, was der Sender ursprünglich ausdrückte. Fehlinformationen, Missverständnisse, Widersprüche und Gerüchte sind folglich in jedem Unternehmen unausweichlich (*empaclip.de/150*).

Fehlinformationen lassen sich nur eingrenzen, wenn permanent direkt, verständlich und umfassend informiert wird. Es ist ein Irrglaube vieler Führungskräfte, dass Sachverhalte, wenn sie nicht thematisiert werden, kommunikativ ruhen. Werden keine Interpretationen angeboten, bilden die Mitarbeitenden eigene heraus. Diese sind, einmal im Umlauf, kaum zu korrigieren.

Grenzen, Umwelt und Organisation

Begrenzter Sinn in Zeit & Raum

Am 8.9.2017 machte folgende Aussage in Bielefeld unter Fußballfans Sinn: „Haste gehört? Gegen die Zebras null-vier! Eben noch erster vor Sandhausen und nun wieder mit einem Bein in der Kreisklasse!" Arminia Bielefeld verlor an diesem Tag 0:4 gegen den MSV Duisburg im heimischen Stadion.

Für die Existenz eines sozialen Systems ist es unerlässlich, nach außen eine Grenze zu haben. Diese Grenze bildet sich durch die Kommunikationsgeschichte und den „Sinn" hinsichtlich potenzieller neuer Informationen.

Diese Tendenz zu ausgeprägten kommunikativen Grenzbildungen birgt Gefahren. Soziale Systeme sind darauf angewiesen, Personen mit ihren Gedanken anzusprechen, denn nur durch ihre Reaktion kann Anschlusskommunikation erfolgen. Reagieren nur noch wenige auf ein soziales System, „schmort dieses im eigenen Saft" und die Differenz zur Umwelt wird unaufhörlich größer – für einen

Freundeskreis, Fanklub oder eine Sekte mag dies zuträglich sein, für andere Systeme entsteht ein existenzbedrohender Teufelskreis.

Größere und traditionsreiche Organisationen unterliegen dabei besonderen Gefahren. Sie können lange Anschlusskommunikation intern – ohne äußere Impulse – erzeugen. Bildlich gesprochen: Sie können sich lange mit sich selbst beschäftigen, denn sie haben einen großen Vorrat an Bausteinen, um den Turmbau weiter voranzutreiben. Die Kommunikation wird dadurch unaufhörlich eigener und die Abgrenzung zur Umwelt fortlaufend größer.

Gefahren traditionsreicher Organisationen

Organisationen grenzen sich über die Zeit immer weiter nach außen ab, denn sie werden durch ihre typischen Kommunikationsmuster immer eigener. Durch eine stetige Ausdifferenzierung verringern Organisationen den Veränderungsdruck. Denn äußere Veränderungen können intern lange kompensiert werden.

Hinzu kommt, dass ausdifferenzierte Organisationen viele Möglichkeiten haben, um auf Äußeres zu reagieren, dies verringert lange Zeit den Druck, sich den veränderten Umweltbedingungen anzupassen. Wird offenbar, dass die interne Struktur nicht mehr zu den Anforderungen der Umwelt passt, ist die Organisation bereits in existenzieller Not und immense Veränderungen müssen in kurzer Zeit gestemmt werden.

In manchen Verwaltungen, Verbänden, Kirchen, Vereinen, Parteien oder Gewerkschaften kann man solche Entwicklungen beobachten. Wer nicht dort sozialisiert wurde, benötigt große Anstrengungen, um sich in den formellen und informellen Strukturen zurecht zu finden. Durch weniger Impulse (neue Mitglieder) werden diese Organisationen immer eigener und verlieren dadurch weiter an Attraktivität für Außenstehende. Aber auch große Unternehmen sind vor solchen Entwicklungen nicht gefeit.

Diversität und Multirationalität in Organisationen

Betrachtet man ein Unternehmen von außen, lässt sich diesem ein typisches Profil oder eine Identität zuschreiben.

Kommt man einem Unternehmen aber näher, zerfällt dieses buchstäblich in ein Mosaik zahlloser „kommunikativer" Systeme mit vielerlei „Kulturen". Angefangen von losen, informellen Interaktionen zwischen Personen über formal geprägte Gruppierungen wie Abteilungen, Schichten oder Teams bis hin zu funktionalen Gruppen, die die diversen Professionen, aber auch Querschnittsthemen wie Führung, Rechnungswesen, Arbeitssicherheit, Controlling, Mitarbeitervertretung oder Recht widerspiegeln.

Die Suche nach der Unternehmenskultur als Gestaltungsvariable scheint zwecklos. Denn je näher man tritt, desto mehr löst sich das Bild einer einheitlichen Kultur auf (*empaclip.de/160*).

Multirationale Perspektive

„Die öffentliche Verwaltung in einer multirationalen Perspektive" greift die angelsächsische „postmoderne Verwaltungswissenschaft" auf und verweist darauf, dass in (öffentlichen) Organisationen verschiedene Rationalitäten wie etwa eine wirtschaftliche, eine politische, eine rechtliche und eine wissenschaftliche bestehen.

Snellen, I. (2006). Die öffentliche Verwaltung in einer multirationalen Perspektive: das postmoderne Paradigma. VS-Verlag. Wiesbaden

In der Darstellung öffentlicher Verwaltungen ist eine „multirationale Perspektive" schon lange gebräuchlich [‹›]. Heute wird diese Multirationalität von Organisationen auch in der Managementlehre vertreten.

Solche Teams, Abteilungen, Berufs-, Hierarchie- oder Interessengruppen sind nicht Subsysteme, sondern immer eigene Systeme, da diese nur über die Abgrenzung zur Umwelt, also den anderen Systemen, bestehen können.

Kein System lässt sich somit durch ein anderes erklären.

Aber alle Systeme entstehen und entwickeln sich im Zusammenspiel mit ihren direkten Systemumwelten. Diese gegenseitigen Anstöße verursachen eine gemeinsame „Drift" oder Richtung in der weiteren Entfaltung. Dadurch heben sich diese gemeinsam von ihrer Außenwelt ab.

Gemeinsame Drift

Organisationen bestehen aus einer Vielzahl von sozialen Systemen, die sich wechselseitig beeinflussende Umwelten sind. Dadurch entwickeln sie sich in eine gemeinsame Richtung.

Daraus entsteht eine Merkwürdigkeit:

Organisationen haben die Tendenz, sich stetig auszudifferenzieren und damit eine Fragmentierung voranzutreiben. Paradoxerweise erzeugen sie dadurch ein fortwährend schärfer werdendes Bild nach außen. Ähnlich einem Mosaik – je detaillierter es ist, desto schärfer ist ein Abbild aus der Ferne zu erkennen. Tritt man näher, verlieren sich jedoch die Muster in kleine, zusammenhangslose Form- und Farbgebungen. Von Nahem ist kein Gesamtbild oder eine einheitliche Kultur zu erkennen. Je ausdifferenzierter und klarer aus der Ferne, umso diffuser aus der Nähe.

Deutsche Leitkultur

Eine nationale Kultur lässt sich vor allem aus der Ferne erkennen. Je näher man tritt, umso uneinheitlicher wird das Bild.

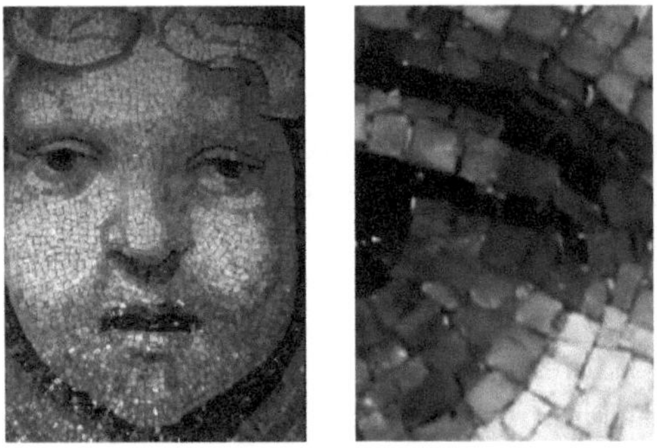

Abbildung 14: Mosaik im Petersdom. Je ausdifferenzierter das Mosaik, umso deutlicher das Abbild aus der Ferne. Treten Betrachtende jedoch nah heran, ist mit zunehmender Ausdifferenzierung kaum noch etwas vom Gesamtbild zu erkennen.

Im Inneren wirkt diese Ausdifferenzierung wie Kristalle in einem Kaleidoskop, welche die Informationen aus der Umwelt spezifisch „brechen". Neue Informationen, Impulse oder Gesetzesänderungen werden in einer Vielzahl unternehmensspezifischer Diskussionen und Entscheidungen verarbeitet. Jede Organisation bildet dabei ihr „Verarbeitungskaleidoskop" heraus. In der Arbeiterwohlfahrt erzeugt das Gesetz zur „Ehe für alle" andere Anschlusskommunikationen als in der Caritas.

Abbildung 15: Jede Organisation bildet durch die Vielzahl ihrer sozialen Systeme ein Kaleidoskop aus, welches Informationen aus der Umwelt in einer typischen diskursiven Art „bricht". Das Foto zeigt das Glasdach des Lafayette in Paris.

Organisation und Individuum

Wie verhalten wir uns nun in einer solchen diversen, zersplitterten, multirationalen Arbeitswelt?

Die Antwort scheint vordergründig einfach, denn nicht nur soziale Systeme sind abhängig von Personen, sondern auch wir bedürfen der Kommunikationsangebote sozialer Systeme als Anregung für unseren Gedankenfluss. Beides ist in einer strukturell unauflöslichen Weise miteinander verknüpft.

Gedanken lösen Verhalten aus und stellen damit die Grundlage für Kommunikation dar. Fühlt sich jemand in seiner Gedankenwelt angesprochen, folgt eine Reaktion, die wiederum andere Gedankenwelten „irritiert" und so weiter und so fort.

Allerdings decken sich die vielfältigen sozialen Systeme nicht mit unseren Bewusstseinswelten. Und hier wird es eine Spur verwickelter, denn die soziologische Vogelperspektive sagt wenig über den Einzelnen aus.

Eine Controllerin mag sich vorrangig einer betriebswirtschaftlichen Logik verschreiben, aber viele andere formelle und informelle Systeme wirken ebenfalls auf sie ein und prägen ihr Erleben und Verhalten.

Kollegen und Kolleginnen, Kundschaft und Führungskräfte haben Erwartungen. Wir erleben dies als Verflechtungen und Verpflichtungen. Regeln und Gesetze sichern manche Erwartungen sogar als einklagbare Normen ab. Für uns bilden sich daraus komplexe Anforderungskollagen. Um uns in diesen Kollagen nicht zu verlieren, nehmen wir Rollen an, um uns und anderen Orientierung, Sicherheit und Vertrauen in unsere Handlungen zu geben.

Unsere Rollen sind vielfältig und verschieben sich in Abhängigkeit von den Umwelten, in denen wir uns gerade bewegen. Eine Richterin formuliert im Gerichtssaal ihre Gedanken anders als unter Kollegen oder in der Familie.

Man könnte dies auch als eine „Kopplung" von Gedanken und Kommunikationsstrategien an die unterschiedlichen Lebens- und Arbeitsbereiche beschreiben. Durch den Tag gleiten wir von einer Rolle in die andere und versuchen über angemessenes Verhalten, „sinnvolle“ Mitteilungen den uns gerade umgegeben Personen und Situationen anzubieten.

Wie wir unsere Rollen interpretieren und ausfüllen, hängt von verschiedenen inneren und äußeren Impulsen ab. In neue Rollen schlüpfen wir nicht als ein „unbeschriebenes Blatt“. Familiäre Bindungen, Schule, Ausbildung und berufliche Vorerfahrungen beeinflussen uns. Wir betrachten Personen, Strukturen, Anweisungen, Rituale und Symbole – und versuchen, diese zu verstehen. Bekommen wir keine überzeugenden Erklärungen angeboten, sortieren wir Neues auf Grundlage unserer bisherigen Erfahrungen ein. Dabei folgen wir einer Neigung zur sozialen Anpassung und Belohnung: Wir wollen von unseren Mitmenschen akzeptiert und respektiert werden. Beobachten wir, dass Kritik in Anwesenheit einer Führungskraft unerwünscht ist, richten wir uns danach aus.

Kultur als Zementwerk

Wenn wir die Strategien der anderen nachahmen, erleben diese das als Bestätigung ihrer eigenen Verhaltensweisen.

Interessanterweise sind wir nicht nur Beobachter, sondern gleichzeitig Beobachtungsgegenstand. Übernehmen wir die Strategien der anderen, sehen diese darin wiederum eine Bestätigung ihres Verhaltens, und eine Kultur zementiert sich.

Wie stark soziale Rollen wirken können, zeigen klassische Versuche der Sozialpsychologie. Der Amerikaner Stanley Milgram suchte 1961 per Anzeige Freiwillige für einen Versuch. Sie sollten in einem Lernexperiment Schüler mit Stromschlägen bestrafen, wenn diese falsche Antworten geben. Entgegen der Aussagen aller Fachleute leisteten alle dieser Aufgabe Folge. Fast 65 % gaben den „Schülern“ sogar einen potenziell tödlichen Stromschlag von über 450 Volt. Was die Freiwilligen nicht wussten: Der vermeintliche Schüler im Nebenraum war ein Schauspieler, der die Schmerzensschreie vorspielte. Milgrams Experimente waren angestoßen durch die Unglaublichkeit der nationalsozialistischen Verbrechen. Lange Zeit galt die These „Germans are different“, also nur Deutsche sind zu solchen Grausamkeiten fähig. Die Ergebnisse des Experiments zeigten jedoch, dass Menschen schnell so zu beeinflussen sind, dass sie andere quälen.

Milgrams Ergebnisse bestätigten sich in zahlreichen Variationen. Allerdings hat sich jüngst die Interpretation verschoben. Lange Zeit wurde auf einen Gehorsam gegenüber Autoritäten verwiesen, dass Menschen also dazu neigen, ihre Verantwortung abzugeben und sich den Anordnungen einer Autoritätsperson zu beugen. Nochmalige Auswertungen aller Daten und Protokolle lassen heute eine andere Interpretation zu. Man leistet nicht einfach Gehorsam, sondern man identifiziert sich schnell mit zugewiesenen Rollen. Man versucht, diese sozial erwünscht und „sinnvoll“ auszufüllen. Die Probanden bei Milgram haderten zwar mit der Ausführung, nahmen aber ihre Aufgabe ernst und an [‹›].

Überzeugungstäter in Milgrams Experimenten

Haslam et al. (2015). Happy to have been of service. British Journal of Social Psychology, 54,1, 55-83

In ähnliche Richtungen geht das Stanford-Prison Experiment von Phillip Zimbardo. Er unterteilte Freiwillige in Gefangene und Wärter und beobachtete das Treiben viele Tage lang in einem eigens dafür eingerichteten Gefängnis. Auch wenn dieses Experiment methodisch umstritten ist, zeigte es, dass sowohl die Gefangenen als auch die Wärter ihre Rollen annahmen und ausfüllten. Schließlich kam es zu gewalttätigen Auseinandersetzungen zwischen den Gruppen, sodass das Experiment aus ethischen Gründen frühzeitig beendet wurde.

Wirkmächtigkeit von Rollen

Extreme Beispiele zeigen die Wirkmächtigkeit von Rollen auf. In Kriegen fügen sich Soldaten der Gewalt und tolerieren sogar schwerwiegende Menschenrechtsverletzungen, die sie im zivilen Leben vehement ablehnen würden.

Neitzel, S. & Welzer, H. (2012). Soldaten. Protokolle vom Kämpfen, Töten und Sterben. Fischer-Verlag

Niederschmetternd sind in diesem Zusammenhang auch heimlich aufgenommene Abhörprotokolle von deutschen Soldaten in englischer und amerikanischer Kriegsgefangenschaft. In ihren Gesprächen zeigte sich durchweg eine hohe Identifikation mit dem Kriegshandwerk, welche nicht vor Menschenrechtsverletzungen und grausamen Verbrechen an der Zivilbevölkerung halt machte. Diese Soldaten handelten nicht aufgrund von Befehlen, sondern aus Überzeugung [‹›].

Rollen sind also sehr wirkmächtig und bringen uns dazu, unser Verhalten in ungeahnter Weise anzupassen. Rollen können unsere Machtgelüste und Aggressionen bändigen oder diese auch entfachen.

Für ein Unternehmen und für jeden selbst ist es wichtig, sich der Rollen bewusst zu sein. Was wird von Mitarbeitenden oder Führungskräften erwartet, wie sollen und wollen sie ihre Rollen ausfüllen?

Werden Rollen unterschiedlich interpretiert, da keine Klarheit über sie besteht, entstehen Spannungen. Selten wird dabei zwischen Rolle und Person getrennt – es kommt zu persönlichen Vorwürfen und Verwerfungen mit einem kaum beherrschbaren Konfliktpotential.

Spannungen entstehen auch, wenn die verschiedenen Rollen einer Person unvereinbar sind. Etwa wenn sich jemand gegenüber seinen Mitarbeitenden als weisungsbefugter Vorgesetzter und zugleich als Kollege auf Augenhöhe sieht. In diesem Zusammenhang kann ein von „oben“ eingeführtes Duzen problematisch sein. Und zwar dann, wenn zugleich eine ausgeprägte Hierarchie bestehen bleibt.

Manche Rollenkonflikte liegen in der Natur einer ausdifferenzierten Organisation, da diese in der Struktur angelegt sind. Man denke an Auseinandersetzungen zwischen Mitarbeitervertretungen und Arbeitgebern oder zwischen direkten und indirekten Bereichen. Diese Konflikte werden dann unproduktiv, wenn Rollenbeschreibungen und Aushandlungsmechanismen fehlen oder individuelle Befindlichkeiten in den Vordergrund geraten. Oft helfen dann nur Mediations- oder Schlichtungsverfahren, also eine dritte Rolleninstanz, die versucht, die verhärteten Parteien wieder auf die rollenbezogenen Sachebenen zu ziehen.

Bezüglich der Ausgestaltung von Führungsrollen findet sich auf *kunstderarbeit.de* eine weiterführende Publikation.

Was ist nun eine gute Unternehmenskultur?

Diese Frage ist ebenso knifflig zu beantworten wie die Frage, was überhaupt Kultur sein soll.

Erst einmal gibt es in einem Unternehmen nicht die Kultur, sondern eine *Vielzahl* von Kulturen. Aber es gibt Orientierungspunkte für eine gemeinsame „Drift", mit der das heterogene Gebilde „Unternehmen" durch die Weltgeschichte treibt und dadurch ein Profil herausbildet – im Gegensatz zu einem Mosaik sind Unternehmenskulturen kein „Standbild", sondern stets im Wandel. Solche Orientierungspunkte wirken auf die Gedankenwelten und somit Rollenausübungen der Mitarbeitenden ein und beeinflussen infolgedessen Verhaltensweisen und die Entwicklung der diversen Systeme in einer übergeordneten Weise.

Orientierungspunkte können beschrieben und gestaltet werden. Langfristig können damit die einzelnen Kulturen und deren Zusammenspiel im Unternehmen verändert werden.

Allerdings ist damit nicht die Frage nach einer guten Kultur beantwortet. Hier gibt es eine Vielzahl von Erklärungsversuchen. Wirtschaftlicher Erfolg könnte für eine gute Kultur sprechen. Fraglich ist, ob allein das Kriterium Profit über die Güte oder Qualität einer Kultur entscheidet. Es gibt profitable Unternehmen, etwa „Billigflieger", deren Kulturen intern und extern kritisiert werden.

Eine gute Kultur könnte sich in einer Harmonie von Wertvorstellungen und gelebtem Verhalten zeigen. Also einer Stimmigkeit zwischen dem Sichtbaren an der Oberfläche und den darunterliegenden unsichtbaren Werten. Allerdings hätten dann kriminelle Clans eine hervorragende Kultur, denn selten haben Wertvorstellungen ein so konsequentes Verhalten zur Folge wie in mafiösen Strukturen.

Man könnte eine Beurteilung bezüglich der Orientierung an humanistischen oder christlichen Werten vornehmen. Aber haben dann Tabakkonzerne, Viehzuchtbetriebe oder Rüstungsfirmen per se eine schlechtere Unternehmenskultur als ein Krankenhaus oder eine Landeskirche?

Andere Kriterien, die für eine gute Kultur ins Feld geführt werden, sind eine geringe Fluktuation, wenige Konflikte, eine niedrige Krankheitsquote, keine Vetternwirtschaft oder eine hohe Zufriedenheit der Mitarbeitenden. Aber auch hier lassen sich andere Begründungshorizonte finden. Eine geringe Krankenquote kann die Angst um den Arbeitsplatz ausdrücken. Mitarbeitendenwechsel können für eine hervorragende Personalarbeit sprechen.

Eine hohe Mitarbeitendenzufriedenheit ist wertlos, wenn diese nicht dem Unternehmen dient. Und ob manche Sportverbände, als Inbegriff schamloser Korruption, eine schlechte Unternehmenskultur haben oder eine große harmonische Familie sind, ist wohl eine Frage des Standpunktes.

Einzelne Indikatoren eignen sich also nicht, um die Güte einer Unternehmenskultur zu bestimmen. Mehr noch: Die Kultur als solche zu erheben, ist sinnlos. Nur in ihrer Zweckmäßigkeit zeigt sich ihre Güte – also im Zusammenspiel mit ihrer Umwelt. Kultur beschreibt letztendlich, ob ein Unternehmen gut funktioniert.

Fasst man die vielfältigen Ansätze der einschlägigen Forschung und Literatur zusammen, lässt sich eine gute Kultur durch das Zusammenwirken dreier Dimensionen beschreiben. Eine gute Kultur führt über einen hohen **Wirkungsgrad** zur **Sinnerfüllung** und bietet damit Möglichkeiten zur **Identifikation** – sowohl intern als auch extern. Die Stellschrauben liegen dabei vorrangig im Wirkungsgrad. Individueller und organisationaler Sinn sowie Identifikation scheinen in Abhängigkeit von diesen Anstrengungen zu sein.

Kultur und Profil

Spannende „Kulturdebatten" kann man in konfessionell geprägten Unternehmen verfolgen. Was bedeutet bei zunehmender Säkularisierung und steigendem Marktdruck eine christliche Unternehmenskultur? Worin unterscheidet sich ein evangelisches von einem städtischen Krankenhaus? Die Antwort ist umstritten. Es scheint aber, dass auch hier die Mitarbeitenden die Güte der Kultur vorrangig anhand der Arbeitsinhalte und -bedingungen bewerten. Erst wenn diese als sinnvoll, fair und wertschätzend erlebt werden, findet eine Identifikation mit einem christlichen Profil statt. Dieses kann sich in einem Leitbild, äußeren Symbolen oder Ritualen zeigen.

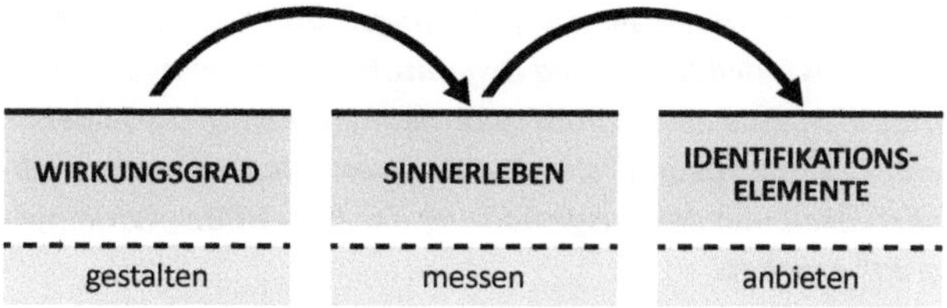

Abbildung 16: Die drei Dimensionen „Wirkungsgrad", „Sinnerleben" und „Identifikationselemente" der Unternehmenskultur

Ein hoher Wirkungsgrad beinhaltet eine klare Regelung von Aufgaben, Befugnissen und Verantwortlichkeiten. Und bedeutet keine Ressourcenvergeudung durch Parallelarbeiten, Aktionismus, Konflikte, Überregulierungen, Vetternwirtschaft oder „Filz". Also eine Minimierung von Intransparenz, Willkür, Bürokratie und individueller Vorteilsnahme durch eine Verbindlichkeit und Sicherheit bezüglich Strukturen, Erwartungen und Konsequenzen. Eindeutig definierte Rollen und eine Konzentration auf die wesentlichen wertschöpfenden Prozesse stehen hier im Mittelpunkt.

Sinn erleben Mitarbeitende, wenn Arbeitsinhalte befürwortet und die Aufgaben gelöst werden können, wenn sie sich gerecht behandelt fühlen und der Einsatz angemessen materiell und immateriell belohnt wird. Aus organisationaler Sicht bedeutet Sinn, den Organisationszweck unter Beachtung der gebotenen Stakeholder-Interessen mit der Minimierung individueller Profilierungen und Egoismen zu verwirklichen.

Tabelle 2: Dimensionen „Wirkungsgrad" und „Sinnerfüllung" aus individueller und Organisationsperspektive als zentrale Elemente einer guten Unternehmenskultur. Die Aspekte unter „Sinnerfüllung" sind Ergebnisvariablen, die sich in Abhängigkeit von der Ausgestaltung der Dimension „Wirkungsgrad" ergeben.

	Wirkungsgrad	**Sinnerfüllung**
Organisation	• Strukturklarheit • Optimaler Ressourceneinsatz • Prozessorientierung • Kontinuierlicher Verbesserungsprozess • Schlanke Strukturen • Rollenklarheit • Transparenz & Compliance • Marktorientierung	• Organisationszweck • Stakeholder-Interessen • Gesellschaftliche Verantwortung • Erfolg, Ertrag • Anpassungsfähigkeit / Innovationsrate • Kundenzufriedenheit
Person	• Rollenidentifikation • Sach- und Inhaltsorientierung • Förderung von Fähigkeiten & Kompetenzen • Gute Arbeitsmittel • Teamarbeit • Klare Aufgaben und Ziele • Konzentration auf Kernprozesse • Gesundheitsförderliche Arbeitsbedingungen	• Identifikation Ziele / Mission • Erfolg & Gratifikation • Weiterentwicklung • Lebensqualität • Fairer Umgang • Partizipation • Materielles Auskommen • Wertschätzung • Zufriedenheit
	Gestaltungsvariablen	**Ergebnisvariablen**

Identifikationselemente werden umso eher angenommen, je mehr Sinn in den Tätigkeiten und den Unternehmensbestrebungen gesehen wird. Solche Identifikationselemente reichen von äußeren Artefakten über Rituale bis hin zu überlieferten Unternehmensgeschichten und postulierten Werten.

Gestaltung einer guten Unternehmenskultur

Oft besteht die Idee, man könne Unternehmenskultur vorrangig über Identifikationselemente beeinflussen. Beispielsweise durch die Formulierung von Leitbildern, Grundsätzen oder durch einzelne Aktionen. Diese Maßnahmen werden aber nur in einer wirkungs- und sinnvollen Arbeitswelt identifikationsstiftend erlebt.

Bezüglich des Wirkungsgrades und einer Sinnerfüllung lassen sich vielerlei Maßnahmen beschreiben. Die Prinzipien eines Qualitäts- oder Lean Managements decken viele Aspekte der Dimensionen Wirkung ab – falls sie sich nicht durch überbordende bürokratische Anforderungen ad absurdum führen. Aber es geht auch um Führungsstile, Personalentwicklung und -einbindung oder gesundheitsförderliche Maßnahmen.

In den folgenden Kapiteln werden verschiedene Aspekte zur Förderung einer guten Kultur und Arbeitswelt beschrieben. Dies betrifft den Umgang mit Macht und Hierarchien, also Führungsaufgaben und -stile, den Einfluss betriebswirtschaftlicher Zusammenhänge und Kennzahlen, die Gestaltung von Arbeitsprozessen sowie die Förderung von Leistung und Gesundheit.

Darüber hinaus muss jede Organisation selbst definieren, an welchen Missionen oder Visionen sie sich orientiert, daraus identifikationsstiftende Kulturelemente ableitet und damit für einen inneren Zusammenhalt und ein äußeres Profil sorgt.

6

Führung, Verführung und Überzeugungskraft

Die Führungskraft nimmt in der Arbeitswelt eine zentrale Rolle ein, da sie formal den größten Teil der Verantwortung trägt und weil sie unter stetiger Beobachtung agiert und den Orientierungspunkt bildet. Laut einer Studie des Gallup-Instituts schätzen 97 % der Vorgesetzten ihre Führungsqualitäten als gut ein. Dies sind fantastische Werte. Allerdings zeigen Studien desselben Instituts, dass 70 % der befragten Mitarbeitenden frustriert sind und eher einen Dienst nach Vorschrift leisten, jeder Siebte hat sogar schon innerlich gekündigt. Vielen Führungskräften gelingt es entgegen ihrer Selbsteinschätzung nicht, motivierende Arbeitsbedingungen zu schaffen.

Jede Organisationsform entwickelt ihre eigene Weise, Führungs- und Machtfragen, also ihre Hierarchie, zu regeln. Die Bundeswehr und der Chaos Computer Club sind bedeutende Organisationen, die sich um relevante Sicherheitsfragen kümmern – kulturelle Ähnlichkeiten dürften dennoch kaum zu finden sein. Während die Bundeswehr außerordentliche Teamleistungen in Auslandseinsätzen oder beim Oderhochwasser zeigt, ist sie kein Hort des kreativen Laborierens, in dem neue Sicherheitslücken in einer digitalen Welt aufgedeckt werden. Sowohl Hierarchien mit ausgeprägter Sanktionsmacht als auch formlose Teams haben in Abhängigkeit von ihrer Aufgabenstellung wirksames Potential. Letztendlich geht es darum, wie in einer Arbeitswelt Aufgaben und Verantwortungen sinnvoll übertragen werden.

Innere Kündigung

Unter der inneren Kündigung wird der Entschluss eines Arbeitnehmers verstanden, seine Leistungsbereitschaft und seinen Arbeitseinsatz bewusst, aber stillschweigend, zurückzunehmen. Diesen Prozess vollzieht der Betroffene möglichst unauffällig, da er seine Arbeitsstelle behalten möchte.
Laut einer Gallup-Studie von 2017 belaufen sich die Kosten durch innerlich gekündigte Mitarbeitende auf bis zu 100 Mrd. Euro im Jahr. Das Phänomen der inneren Kündigung unterliegt dabei einer fatalen Ansteckungsgefahr.

Brinkmann, R. D. & Stapf, K. H. (2005). Innere Kündigung. Wenn der Job zur Fassade wird. München: C. H. Beck

Die Berufswahl ist heute eine Entscheidung, die mit persönlichen Vorstellungen, Zielen und Neigungen einhergeht. Es herrscht eine hohe Erwartungshaltung an sich selbst, die Unternehmen und die Menschen, die diese führen. Neben dem eigentlichen Arbeitsvertrag schließt jeder Mitarbeitende einen „psychologischen Vertrag“ ab. Dieser wird nicht unterschrieben, sondern besteht aus offenen und unausgesprochenen Erwartungen, wie etwa Entwicklungsmöglichkeiten, Partizipation, Anerkennung oder Gerechtigkeit. Werden diese Erwartungen langfristig enttäuscht, kommt es seitens des Mitarbeitenden zu einer Aufhebung dieses Vertrages und des Engagements [‹›].

Für eine Führung rücken demnach Fragen der Personaleinbindung, -entwicklung und -motivation sowie einer gesundheitsförderlichen Arbeitssituation in den Mittelpunkt. Diese vielfältigen Aufgaben lassen sich wie folgt beschreiben:

- Die Unternehmenswelt erklären
- Orientierung geben & Ziele vermitteln
- Entscheidungen treffen & Aufgaben verteilen
- Für Gerechtigkeit sorgen
- Unterstützung geben & Sicherheit vermitteln
- Ergebnisse prüfen & Feedback geben
- Mitarbeitende einbinden & deren Expertise nutzen
- Mitarbeitende entwickeln
- Veränderungen anstoßen & anleiten
- Förderliche Arbeitsbedingungen schaffen
- Bei Konflikten vermitteln
- Für Gesundheit sorgen
- Gewünschte Verhaltensweisen vorleben

Diese Aufgaben lösen sich nicht von selbst, sondern benötigen Knowhow, durchdachte Strategien, eine passende Haltung, und es bedarf einer vertrauensvollen Zusammenarbeit mit den Mitarbeitenden. Letztere bildet sich aus, wenn die Führungskraft sowohl im Sinne des Unternehmens als auch im Interesse der Mitarbeitenden handelt. Vertrauen und in der Folge die Überzeugungskraft der Führungsperson zerfallen, wenn aus Zwang und nicht aus Einsicht gehandelt wird.

Man kann Spieler, die vertraglich an einen Verein gebunden sind, auf den Platz schicken, aber man kann sie nicht zwingen, gute Leistungen zu erbringen. Dies trifft auf alle Berufe, in denen Service, Dienstleistung oder ein individuelles Engagement von Bedeutung sind, zu. Zwang und Druck wirken wie Sand in einem Getriebe und fördern seit jeher die menschliche Fantasie, sie zu unterlaufen. Aber in der Summe macht es einen beträchtlichen Unterschied, ob alle Beteiligten drei Prozent mehr oder weniger leisten. Suboptimale Führung bedeutet eine enorme Leistungsvernichtung (*empaclip.de/165*).

Negative Auswirkungen nachlässiger Führung werden oft durch die Motivation oder das Pflichtgefühl der Mitarbeitenden abgefedert. Langfristig sind abträgliche Folgen für jede Organisationsform unausweichlich. Da selten Arbeitsergebnisse so unmittelbar wie bei einem Fußballspiel sind, bleiben Qualitätseinbußen durch mangelhafte Führung verdeckt und in ihren Ursachen unklar.

Gute Führung bedeutet, Unternehmens- und Mitarbeiterinteressen in einen Einklang zu bringen. Das Konzept der Macht kehrt sich dann in eine „Verführung“ im Sinne von Zielakzeptanz, Sinnstiftung und Identifikation.

Was fördert nun den Aufbau und Erhalt eines solch motivierenden Führungsstils? Fachliche Kompetenz ist eine Voraussetzung, ist aber nicht ausreichend. Gute Führung ist ein Konstrukt von Wahrnehmungs- und Beurteilungsprozessen der Mitarbeitenden. Es gibt eine Vielzahl von Faktoren, die diese Wahrnehmungen und Bewertungen beeinflussen.

Es geht darum, ob und wie gut die oben aufgelisteten Aufgaben umgesetzt werden. Wie bereits erwähnt, ist es wesentlich für das Verständnis von Organisationen, dass insbesondere Führungskräfte Entscheidungen treffen. Jede Entscheidung ist aber auch eine Mitteilung an die Umwelt, also die „Gedankenwelten“ der Mitarbeitenden, dass ausdrücklich andere mögliche Wege außer Acht gelassen werden.

Vertrauen genießt, der Entscheidungen trifft und wessen Entscheidungen akzeptiert werden. Fast alle Entscheidungen berühren die Interessen von Mitarbeitenden und werden von diesen aufmerksam bezüglich Nachvollziehbarkeit, Angemessenheit und Gerechtigkeit beobachtet. Mitarbeitende erwarten nicht, dass alle gleich behandelt werden, aber sie erwarten, dass die Entscheidungen, die gefällt werden, angemessen sind. Dies wird empfunden, wenn die Kriterien, anhand derer Entscheidungen fallen, bekannt und nachvollziehbar sind. Das setzt voraus, dass eine Führungskraft in allen Situationen eindeutige Entscheidungskriterien definiert hat, diese sichtbar macht und den Mitarbeitenden erklärt. Sympathie oder impulsiver Ärger sollten möglichst wenig handlungsleitend sein. Zudem sollten die Folgen der Entscheidungen sowie mögliche Folgen nicht getroffener Alternativen verdeutlicht werden.

Es verlangt nicht nur viel Kommunikation, sondern auch einen hohen Grad an Selbstdisziplin und Selbstkontrolle sowie eine Verinnerlichung fester Kriterien, sodass Prinzipien selbst in spannungsgeladenen Situationen handlungsleitend wirken.

Kurzum: Es bedarf der Annahme einer Rolle und der dazugehörigen Haltungen sowie eine Identifikation mit den Aufgaben der Führungsposition. Führung benötigt Zeit, Reflexion und Methoden.

Eitelkeiten, Misstrauen und das Gefühl der Unverzichtbarkeit führen schnell zu Verletzungen, Abwehrreaktionen und Schuldzuweisungen und fördern impulsive, formale Macht ausnutzende Reaktionen. Emotionale Aufschaukelungsprozesse mit persönlich motivierten und dysfunktionalen Entscheidungen und Vertrauensverlust sind die Folge.

Das Zurücknehmen der eigenen Person und die Beobachtung und das Verstehen der sozialen Umwelt, kurzum die Fähigkeit des „Zuhörens", sind weitere zentrale Merkmale guter Führung. „Zuhören" beinhaltet allerdings mehr als sich zurückzunehmen und andere reden zu lassen. Als Führungskraft bedeutet Zuhören, um die Gedanken der Mitarbeitenden zu wissen und die dazugehörigen Motive zu verstehen. Zuhören bedeutet, Meinungen und Sichtweisen aktiv einzufordern und sich durch Rückfragen bezüglich des eigenen Verstehens zu vergewissern. Mitarbeitende fühlen sich verstanden, wenn sie erleben, dass Führungskräfte mit eigenen Worten ihre Sichtweisen und Motivlagen aufgreifen und in den Diskussions- und Entscheidungsprozess einbeziehen. Der Gestaltung von Dienst-, Team- und Mitarbeitendengesprächen kommt hier eine besondere Bedeutung zu.

Zudem muss aber aus der Vielzahl einzelner Aussagen ein tragfähiger Entschluss gefällt werden. Dies bedeutet, dass Führungskräfte die Wahrnehmungskakophonie in einer Organisation moderieren und harmonisieren müssen. Wie in den vorherigen Kapiteln dargestellt, verpuffen dabei Appelle an eine einheitliche Sichtweise oder an die Vernunft. Hier kommen Führungskräfte nur mit der Darstellung der unterschiedlichen Perspektiven weiter.

Die Herausbildung einer gemeinsamen sozialen Wirklichkeit in einem kontinuierlichen Prozess von Zuhören, Verstehen und Erklären ist also eine zentrale Anforderung an Führung. Geschieht das nicht, bildet sich eine Vielzahl von Erklärungen für das Unternehmensgeschehen heraus. Diese Erklärungen, einmal in den Gedankenwelten der Mitarbeitenden verhaftet, sind nicht mehr einzufangen, sondern können nur mit viel Aufwand umgedeutet werden.

Strenge Hierarchien mit ausgeklügelten Sanktionssystemen fordern ihren Führungskräften keine solche Überzeugungskraft ab. Wenn die Tätigkeiten klar definiert sind und kein Mitdenken und keine besondere Motivation der Mitarbeitenden erforderlich sind, mag eine auf Druck und Sanktionen beruhende Führung erfolgreich sein. Führung mittels Drucks und Sanktionsmacht ist also prinzipiell möglich, sie birgt allerdings Gefahrenpotentiale für Unternehmen: Nicht zuletzt die Förderung von Angst bei den Mitarbeitenden.

Angst behindert Innovation, Kreativität & Lösungen

Die amerikanische Psychologin Alice Isen hat den Einfluss von Emotionen auf die Leistungs- und Innovationsfähigkeit eindrucksvoll aufgezeigt.

Isen, A. M. (2002). Missing in Action in the AIM: Positive Affect's Facilitation of Cognitive Flexibility, Innovation, and Problem Solving. Psychological Inquiry, 13, 1, 57-65

Im Kapitel drei wurden bereits die Folgen von Ängsten auf die Entscheidungs- und Handlungsfähigkeiten von Menschen dargestellt. Angst schränkt das Denken ein. Mitarbeitende, die permanent in einem Gefühl der Unsicherheit, Furcht oder Angst agieren, wenden einen Großteil ihrer geistigen Ressourcen auf die Abwehr der vermeintlichen Gefahren. Jegliche Form von Eigeninitiative und Verantwortlichkeit wird vermieden [‹›].

In Zeiten großer Herausforderungen bedarf es allerdings vieler Ideen, um kreative und inspirierende Lösungen zu finden. Die technischen, fachlichen und gesellschaftlichen Herausforderungen werden ohne Motivation und Innovation kaum lösbar sein. Wenn der Druck von außen intern weitergegeben wird, steigt die Gefahr eines unheilvollen Kreislaufes: Veränderungsdruck ohne Zuversicht und Orientierung führt zu individuellen Ängsten und kollektiver gedanklicher Lähmung, die wiederum Ideen für die notwendigen Anpassungsprozesse verhindern.

Der Führungskraft kommt, um diesen destruktiven Kreislauf zu unterbinden, die Rolle eines „emotionalen Puffers“ zu. Das bedeutet, dass Veränderungsdruck von außen intern als positive Herausforderung interpretiert wird – zumindest, dass Sicherheit vermittelt und das Unerklärliche erklärt werden muss. Die steigende Anzahl psychisch bedingter Arbeitsunfähigkeitstage zeigen allerdings, dass psychischer Druck, Unsicherheiten und Ängste unter Mitarbeitenden zunehmen. Die Verantwortung und Fürsorgepflicht der Führungskräfte gelten diesbezüglich, nicht zuletzt durch die erweiterten Arbeitsschutzgesetze, aber auch hier. Mehr dazu in den Kapiteln zehn und elf.

Ein weiteres Wagnis einer auf Druck anstatt auf Vertrauen basierenden Führung liegt in den gegenwärtigen Veränderungen. Reorganisationen im Sinne eines Lean oder agilen Managements sowie ein steigender Personalmangel lösen viele Sanktionsmöglichkeiten auf. Die betroffenen Führungskräfte stehen plötzlich „entblößt“ ohne ihre gewohnten Druck- und Führungsmittel dar.

Fazit

Ideale Führungsansätze werden in der einschlägigen Literatur mit transaktionalen oder transformationalen Führungsstilen verbunden. Diese fordern einen intensiven Austausch mit den Mitarbeitenden, gegenseitiges Vertrauen, Glaubwürdigkeit und eine Vorbildfunktion. Mitarbeitende sollen nicht nur über enge Zielvorgaben, sondern über ein Commitment für die Unternehmensstrategie und eine Vision für ihre Aufgaben gewonnen werden. Beide Stile greifen somit die eben dargestellten Punkte auf.

Will man seine Mitarbeitenden für Leistungen gewinnen und gesund erhalten, geht an diesen Führungsstilen kaum ein Weg vorbei. Dies verlangt allerdings eine Auseinandersetzung mit der eigenen Führungsrolle sowie dazugehöriges Wissen und Kenntnisse. In vielen Arbeitswelten wird der vermeintliche Aufwand dazu gescheut oder ein solcher Stil widerspricht der vorherrschenden Kultur.

Letztendlich sind es nicht Stile, sondern Techniken, die von passenden Haltungen begleitet werden. Der Gestaltung der Kommunikation kommt dabei eine besondere Bedeutung zu.

Jeder ist in der Lage, seine Führungsfähigkeiten zu verbessern. Die erforderlichen Mühen zahlen sich durch höhere Zufriedenheiten und Leistungen des Teams aus. Für interessierte Führungskräfte findet sich auf *kunstderarbeit.de* ein „Praxisbuch Führung" mit Methoden und Instrumenten.

7

Verlockungen und Risiken kennzahlenbasierter Steuerungen

Nicht nur Unternehmen, sondern auch soziale Einrichtungen, NGOs, Kirchen oder Vereine orientieren sich in Zeiten des globalen Wettbewerbs und strapazierter Kassen an betriebswirtschaftlichen Kennzahlen. Ohne Zweifel ist ein kluger Einsatz von Ressourcen und eine Kontrolle der entstehenden Kosten sinnvoll. Mithilfe einer modellhaften Darstellung versucht man, das Rationale zu betonen und sachliche Entscheidungen zu treffen. Paradoxerweise passiert manchmal das Gegenteil. Dadurch, dass man nur die vermeintlich objektiven Indikatoren einbezieht, entsteht ein verzerrtes Bild und in der Folge vernunftwidrige Entscheidungen bezogen auf die unternehmerische Wirklichkeit.

Handel und Wirtschaft nutzen seit jeher Kennzahlen und Kalkulationen als Grundlage für Entscheidungen. Unternehmen benötigen zudem einen Überblick über ihre Bilanzen, also eine Zusammenfassung von Vermögenswerten, Einnahmen und Ausgaben sowie eine Abschätzung wirtschaftlicher Entwicklungen und Risiken. Für Letzteres schreibt eine Mittelfristplanung Kosten und Erträge fort und schätzt Auswirkungen von Veränderungen ab. Schon die ersten Händler werden Ausgaben, Einnahmen und andere Kennzahlen notiert und Entscheidungen daraus abgeleitet haben. Neu ist, dass sich ein Controlling als betriebswirtschaftliche Teildisziplin mithilfe elektronischer Datenverarbeitung in Unternehmen etabliert hat. Controllerinnen und Controller berechnen vielfältige Indikatoren etwa zu Ausgaben, Leistungen, Umsätzen und Erträgen, aus denen sich Prognosen, Entwicklungen und Abweichungen ableiten lassen. In kleineren Unternehmen gibt es zumindest einen Mitarbeitenden, der mittels Tabellenkalkulation die Geschäftsführung mit den geforderten Informationen versorgt. Dies ermöglicht eine differenzierte Betrachtung und erlaubt, datengestützt und wirtschaftlich sinnvoll zu agieren.

So weit, so gut.

Die Unterstützung durch ein Controlling hat dabei ihre Besonderheiten. Systeme reduzieren durch selektive Wahrnehmungen die Komplexität ihrer Umwelt – selten zeigt sich das so anschaulich wie hier. Ein Controlling greift zur Simulation firmenrelevanter Geschehnisse auf Annahmen und ausgesuchte Kennzahlen zurück. Hier beginnt die Kunst und manchmal das Problem. Die Ausgaben für eine Werbeveranstaltung lassen sich exakt beziffern, die Wirkungen nicht. Können für Maschinen Leistungsdaten präzise ausgelesen werden, ist es für personenbezogene Leistungen verzwickt. Denn diese werden durch Einstellungen, Kompetenzen, Initiative, Erfahrungen, Ideenreichtum, Team- und Lernfähigkeit sowie situative und organisatorische Faktoren bestimmt. Egal ob Büro, Schule, Werkstatt, Callcenter, Verkehrsbetrieb, Altenhilfe, Geschäft, Restaurant, Universität, Redaktion, Administration, Krankenhaus, Theater oder Startup – die Mitarbeitenden machen durch ihre Leistungen den wertschöpfenden Unterschied aus. Für eine ausreichende Integrationstiefe müssten hier qualitative Daten gewonnen, gewichtet und zu sinnvollen Indikatoren kombiniert werden. Solche Leistungsparameter lassen sich jedoch nicht durch ein formalanalytisches Modell mit einfachen Ursache-Wirkungs-Zusammenhängen darstellen. In der Praxis wird deswegen auf zählbare, indirekte Indikatoren zurückgegriffen – Fälle, Verweildauer, Bearbeitungszeit, Verkäufe, Besucher, Auslastungen, Stückzahlen, Einnahmen, Auflagen, Abschlüsse, Kosten, Umsätze, Pünktlichkeit oder Renditen. Die Ableitung einer fachlichen Güte mittels numerischer Indikatoren gründet auf einer kategorialen Schiefe. Denn Kennzahlen bilden weder den Wertschöpfungsprozess selbst noch Qualitäten ab. Zudem ergibt sich ein Paradox im Hinblick auf die Messgenauigkeit (Reliabilität) und Übereinstimmung (Validität). In der betrieblichen Wirklichkeit gibt es vielfältige, nicht lineare und kaum vorhersehbare Wirkungen auf Ereignisse: Preisschwellen bei Kaufentscheidungen, Latenzen bei Werbemaßnahmen, Umkehreffekte bezüglich Marktanteile und Rentabilität oder exponentielle Wirkungen in sozialen Medien. Je wirklichkeitsnaher ein Modell ist, umso komplexer und ergebnisoffener müssen die dargestellten Zusammenhänge sein. Kurzum: Je schärfer ein Modell Betriebliches abbilden möchte, umso unsicherer werden die Prognosen oder andersherum: Je robuster ein Modell ist, desto weiter ist es von der wertschöpfenden Wirklichkeit entfernt. Die meisten Unternehmen nutzen für ihre Modellberechnungen Programme zur Tabellenkalkulation und setzen die Zusammenhänge zwischen den Kennzahlen mit einfachen Funktionen fest. Dies spiegelt nur vage die Wirklichkeit wider.

Wird mit der Kategorienschiefe und dem Paradox der Messgenauigkeit unangemessen umgegangen, entstehen Spannungen zwischen betrieblicher Komplexität und simplifiziertem Modell. Insbesondere, wenn die Komplexitätsreduktionen arglos übernommen und das Modell als ungefilterter Spiegel der Wirklichkeit verstanden wird. Dies mag kurzfristig gut gehen, führt aber langfristig zu wirtschaftlichen Risiken.

Durch ein Modell wird der unternehmerische Blick gelenkt und abgelenkt. Kennzahlen leuchten manches aus und lassen vieles im Dunkeln. Viele Anstrengungen und Leistungen werden dadurch weder wahrgenommen noch honoriert. Für diese durch das Modell entstehenden Kalamitäten ist das Modell selbst blind, denn es bildet keine Gratifikationskrisen ab. Folglich werden Lösungen, um solchen negativen Auswirkungen entgegenzusteuern, in den Kennzahlen, aber nicht in der betrieblichen Wirklichkeit gesucht und Scheinlösungen generiert. Noch gravierender ist es, wenn in Anpassung an das simplifizierende Modell Mitarbeitende ihr Verhalten simplifizieren – bis hin zu zum „Dienst nach Vorschrift“. Aus reiner Controllersicht ist es begrüßenswert, wenn die betriebliche Wirklichkeit sich

Orwell'sche Prosa

Es ist unklar, ob manche Begriffe aus der Welt des Controllings ein Ausdruck von Hybris oder Selbstironie sind: Ein Data Warehouse mit einem Single Point of Truth (SPOT)“ – also ein Datenwarenhaus mit einer zentralen Wahrheit für die Unternehmenssteuerung.

den Modellvorgaben anpasst.

Als junger Mitarbeiter initiierte ich eine Tagung mit prominenten Referenten. Als sich abzeichnete, dass mehr als genügend Anmeldungen zur Kostendeckung zusammenkämen, habe ich es erleichtert der Verwaltung mitgeteilt. Diese nahm die Nachricht kommentarlos auf und wollte lediglich wissen, wie viel Zeit ich dafür investiere. Nach kurzer Zeit erhielt ich einen Rückruf mit der Auskunft, dass von einem positiven Ergebnis keine Rede sein könne, denn die Einberechnung meiner Arbeitstage ergebe ein sattes Defizit. Zweifellos war die Excel-Kalkulation richtig – wenn man dem Modell folgt, dass die Organisation einer Fachtagung keine wissenschaftliche Aufgabe ist, keinen Mehrwert hat und extra zu fakturieren ist. Für die entstandenen Frustrationen und die fehlenden Wirkungen der in Folge dessen ausgebliebenen Tagungen ist ein solches Modell blind.

Eine Orientierung an Kennzahlen ist kein passiver Vorgang, sondern bewirkt beiläufig eine Ausrichtung an diesen. Daraus entwickelt sich eine systemimmanente Logik mit Anreizen für alle Beteiligten. Sie erzeugt Wirklichkeit, aber nicht immer die Wirklichkeit, die man sich erhofft hatte. Man kann Verkaufsgespräche über Vertragsabschlüsse oder Renditen betrachten und mit Zukunftsszenarien für Geschäftsbereiche durchspielen. Ob man dadurch ein Bindungspotential zu Kundinnen und Kunden sowie langfristige Risiken ausreichend abbildet, bleibt fraglich. Die Güte einer Beratung und deren vielfältigen Auswirkungen zu erheben, ist ungleich schwieriger. Die jüngsten Zusammenbrüche renommierter Großbanken zeigen die Gefahren, die mit kennzahlenbedingten Steuerungen einhergehen. Ob neue Vorgaben bezüglich Transparenz und Qualität die Banken in ein langfristig stabileres Fahrwasser führen, wird man sehen [‹›].

Das Gesundheitssystem ist ein anderes Beispiel. Fallpauschalen, sogenannte DRGs, sollen zu mehr Effizienz und Kostenkontrolle in Krankenhäusern führen. Sie verändern aber auch die Art und Anzahl der Behandlungen. Denn das Anreizsystem der DRG-Fallpauschalen beeinflusst die Leistungspriorisierung. Fallpauschalen mit höheren Gewinnspannen werden aufgrund des wirtschaftlichen Drucks über Deckungsbeitragsrechnungen, Mittelfristplanungen und sich daraus ergebenen Zielvereinbarungen und Bonusregelungen gefördert. Berechnungsgrundlage von DRGs sind die Vor-Vor-Jahreskosten einer Behandlung, die in die Zukunft fortgeschrieben werden. Innovative Behandlungen, die nach einer Einführungsphase mit deutlichen Kostensenkungen einhergehen, sind beispielsweise im Vorteil gegenüber althergebrachten Behandlungen, die solche Spielräume nicht haben. Ob eine Ausrichtung auf die neuste Gerätemedizin aus volkswirtschaftlicher und gesundheitlicher Sicht wünschenswert ist, mag bezweifelt werden. Die DRGs bilden eben weder ethische noch medizinische Auswirkungen ab [‹›]. Ein einzelnes Krankenhaus mag kurz- oder mittelfristig profitieren, langfristig droht dem Gesundheitssystem Schaden. Eine Analyse renommierter Experten zeigt, dass Deutschland trotz der hohen Gesundheitsausgaben eine schlechtere Versorgung als andere wohlhabende Staaten aufweist [‹›].

Die tragischsten Beispiele unerwarteter Wirkungen gut gemeinter Modellannahmen bietet die Entwicklungshilfe: Der Bau von Brunnen verbesserte

Richtlinie über Märkte für Finanzinstrumente

Laut den Regulierungsbehörden sollen die neuen Regelungen (MiFID II) das durch die globale Finanzkrise von 2008 getrübte Vertrauen auf den Finanzmärkten wiederherstellen. Über 7.000 Seiten umfasst die neue Regelung mit all ihren Zusätzen.

Schlechte Gesundheit trotz teurer Behandlungen?

In einer Studie des Harvard Health Institutes und der London School of Economics schneidet Deutschland bezüglich der Relation von Ausgaben und Nutzen im Vergleich zu anderen Industriestaaten sehr schlecht ab.

Papanicolas, I. & Woskie L. R. (2018). Care Spending in the United States and Other High-Income Countries. JAMA, 319, 10, 1024-1039

Wehkamp, K. H. (2012). Abrechnung von Krankenhausleistungen: Ein System frei von Ethik? Deutsches Ärzteblatt, 109, 39

Heinz Naegler, H. & Wehkamp, K. H. (2018). Medizin zwischen Patientenwohl und Ökonomisierung. Krankenhausärzte und Geschäftsführer im Interview, MWV, Berlin.

Brummerloh, D. (2019). Medizin, Moneten und Moral. Übertherapie. Ursachen und Folgen. DLF - Das Feature vom 06.08.2019

die Ernährungssituation nur einige Jahre, langfristig ließ eine dadurch angefachte Viehwirtschaft die Böden veröden. Die Versorgung von Kindern mit einem niedrigen BMI verleitete Eltern dazu, ihre Kinder hungern zu lassen, damit diese in den Genuss dieses Ernährungsprogramms und der dazugehörigen medizinischen Vorsorge kamen. Organisationen wie „Brot für die Welt" haben heute (fast) keine eigenen Projekte mehr vor Ort, sondern fördern und monitoren nur lokale Initiativen.

Komplexe Zusammenhänge und insbesondere unser Verhalten lassen sich mittels linearer Ursache-Wirkungs-Ketten weder beschreiben noch steuern. Herbert Alexander Simon und Daniel Kahneman haben dies für Unternehmen gezeigt und dafür jeweils einen Nobelpreis der Wirtschaftswissenschaften bekommen. Der Mathematiker und Psychologe Kahneman hat gezeigt, dass menschliche Entscheidungen nicht den Vorhersagen der traditionellen ökonomischen Modellen entsprechen, da sie maßgeblich von persönlichen Empfindungen abhängen. Demnach werden entscheidungsrelevante Informationen stets interpretiert, oder anders ausdrückt: Sie werden in das subjektive Erleben eines Handlungsrahmens (Frame) eingepasst. Schon die bloße Darstellungsform hat Einfluss auf die Entscheidung. Durch unterschiedliche Formulierungen – die Chance, dass die Sache gut ausgeht, liegt bei 50 Prozent oder das Risiko, dass die Sache schlecht ausgeht, liegt bei 50 Prozent – lassen wir uns unbewusst leiten. Der Betriebswissenschaftler Simon hat ebenfalls die Annahme eines rational und logisch handelnden Menschen hinterfragt. Simon prägte den Begriff der *begrenzten Rationalität*. Menschen können sich demnach immer nur um einen kleinen Ausschnitt der Wirklichkeit kümmern und ihr Verstand kann bloß wenige Zusammenhänge auf einmal verarbeiten. Entscheidungsträger suchen so lange nach Handlungsalternativen, bis sie eine befriedigende, aber nicht die optimale Lösung gefunden haben. Charakteristisch für eine befriedigende Entscheidung sind unter anderem individuelle Präferenzen, die Erwartungen anderer sowie das Ausblenden langfristiger Konsequenzen [‹›].

Begrenzte Rationalität im Controlling

Bonazzi, G. (2014). Begrenzte Rationalität und Entscheidung: Herbert Simon und seine Schule, in: Tacke, V. (Hrsg.): Geschichte des organisatorischen Denkens, Springer-Verlag, S. 309-326

Meyer, M. & Weber, J. (2011). Controlling und begrenzte kognitive Fähigkeiten – Grundlagen und Anwendungen eines verhaltensorientierten Ansatzes, Wiesbaden. Springer-Verlag

Inzwischen wurden in den Wirtschaftswissenschaften mittels der Spieltheorie viele Muster „vernunftwidriger" Entscheidungen herausgearbeitet, diese können mit folgenden Beispielen verdeutlicht werden:

➢ Herr Schmidt sucht ein Auto und vergleicht verschiedene Modelle. Das Modell *Turbo* ist für ihn attraktiver als das Modell *Speedy*. In einem weiteren Vergleich bewertet er das Modell *Speedy* aber besser als ein Modell *Energy*. Logischerweise müsste in einem direkten Vergleich nun *Turbo* besser abschneiden als *Energy*. Dies ist aber keineswegs sicher. Denn in diesem Vergleich zieht Herr Schmidt plötzlich andere Kriterien heran.

➢ Preiserhöhung ist nicht gleich Preiserhöhung. Wird der Preis für ein Produkt erhöht, ärgert dies einen Kunden mehr, als wenn ein „Sonderangebot" ausläuft. Auch wenn beides auf den gleichen Preis hinausläuft.

Bahnbrechende Experimente zur Veranschaulichung menschlicher Entscheidungen.

Für spieltheoretische Arbeiten zur Erklärung menschlichen Entscheidungsverhaltens wurde bereits achtmal der Nobelpreis für Wirtschaftswissenschaften vergeben.

➢ Die Zufriedenheit mit dem Gehalt erwächst nicht aus der absoluten Höhe, sondern aus dem Vergleich mit den anderen. Eine niedrige Gehaltserhöhung kann zufriedener machen als eine höhere. Und zwar dann, wenn diese dennoch höher ausfällt als bei den anderen.

➢ Aus Trotz lehnt man Geldgeschenke ab. Darf jemand eine Geldsumme nur dann behalten, wenn wir einen als gerecht empfundenen Anteil davon erhalten, sollte man uns einen fairen Anteil anbieten. Ist es zu wenig, besteht eine gute Chance, dass wir aus Trotz auf unseren Anteil verzichten – nur damit der andere auch kein Geld bekommt.

Alle diese Entscheidungen sind nicht rational in dem Sinne, dass sie logischen und ökonomischen Annahmen widersprechen.

Sind Insekten schlechter als Blumen?

Aktuelle Studien zeigen, dass menschliche Neigungen und Vorurteile sich auch in KI-Software und somit in Übersetzungs- oder Entscheidungslogarithmen wiederfinden. Blumen oder die Namen junger Menschen werden dort im Unterschied zu Insekten oder Namen älterer Menschen als negativer eingestuft. Auch Genderklischees werden von Computern übernommen. Männliche Namen stehen etwa im Zusammenhang mit Mathematik und weibliche Namen mit Familie und Kunst.

Aylin Caliskan, A, Bryson, J. & Narayanan, A. (2017). Semantics derived automatically from language corpora contain humanlike biases. Science, 356, 183-186

Gerne blendet man im Arbeitsalltag solche Befunde aus. Kurioserweise folgt man dabei seinem Bauchgefühl anstatt den beschriebenen Fakten. Dieses Ignorieren „irrationaler" Phänomene ist selbst bestes Beispiel für irrationales Handeln.

Wie dem auch sei: In der Praxis wird die Güte rational-analytischer Annahmen nicht immer hinterfragt. Fehlsteuerungen, die auf vermeintlich rationalen Annahmen gründen, bleiben dann nicht nur unerkannt, sondern werden durch scheinbare „objektive Modelle" legitimiert.

Solange Kennzahlen und Reportings nicht alleinige Grundlage für strategische Entscheidungen sind, lässt sich mit den oben beschriebenen Nebenwirkungen und Risiken gut umgehen. Schwierig wird es, wenn diese nicht Zukunftsszenarien simulieren, sondern diese modulieren. Nicht nur wegen der oben beschriebenen Effekte, sondern weil Lösungen für Abweichungen vornehmlich in den Modellparametern gesucht werden. Damit überträgt man die reduzierte Komplexität des Modells auf die Wirklichkeit und engt Handlungs- und Lösungsspielräume ein. Ein wirtschaftlicher und zeitlicher Druck lenkt den Blick schnell auf die ausgesuchten Kennzahlen. Kurz- und mittelfristig kann „ein Drehen" an den Modellschrauben nützlich sein. Liegen die Ursachen jedoch außerhalb des Modells, führt dieser Tunnelblick in eine Sackgasse. Möglicherweise muss ein Winzer nicht die Preise erhöhen, Personal- oder Sachausgaben kürzen, sondern braucht neue Etiketten, um einen Traditionswein zeitgemäß zu vermarkten.

Um einer chronischen Parkplatznot gerecht zu werden, liegt, mit einem simplen Ursache-Wirkungs-Denken, der Ausbau von Parkplätzen nahe. Langfristig kann eine Erweiterung aber kontraproduktiv sein. Denn bequemes Parken führt zu mehr Verkehr und nach einer Weile sind nicht nur die vergrößerten Parkflächen abermals überlastet, sondern auch die Zufahrtstraßen, die dann in der Folge ausgebaut werden müssen, was wiederum zu noch mehr Fahrzeugen führt [‹›]. Ein anderes Beispiel für solche „Rebound-Effekte" ist die Energiewende. Trotz staatlich verordneter Energieeffizienz wird mehr Energie verbraucht. Immer größere Autos oder immer mehr „sparsame" LED-Monitore machen alle Erfolge zunichte.

Rebound-Effekt: Wer Straßen sät, wird Staus ernten!

Der Ausbau von Straßen führt zu mehr Verkehr und der gleichen Verkehrsdichte wie zuvor. Dieser Zusammenhang ist inzwischen vielfach aufgezeigt worden. Duranton & Turner haben dazu beispielsweise die Verkehrsdaten über 20 Jahre vergleichend ausgewertet. Bemerkenswerterweise hat diese Binsenweisheit in den Verkehrsplanungen bis heute kaum Einfluss.

Duranton G. & Turner, M. A. (2011). The Fundamental Law of Road Congestion: Evidence from US Cities. American Economic Review, 101(6), 2616-52

Ähnlich ist es bei personalintensiven Dienstleistungen. Dort ist die Versuchung groß, roten Zahlen durch Personalkürzungen zu begegnen. Dies ist in jeder Mittelfristplanung sofort wirksam. Doch diese Einsparungen gehen oftmals mit unbedachten Folgekosten einher: Steigende Arbeitsunfähigkeitstage, mehr Ausgaben durch Überstunden, reduzierte Angebote und eine innerlich gekündigte Mitarbeiterschaft. Diese Folgen verringern nicht nur empfindlich den Einsparungseffekt, sondern belasten überdies die Qualität und den Ruf und somit langfristig das wirtschaftliche Fundament eines Un-

Die SED und systemisches Denken – die Ausreisewelle 1984

Egon Krenz, neuberufen ins Sekretariat des SED-Zentralkomitees, versuchte das Problem der ca. 40.000 Ausreisewilligen nachhaltig zu lösen. Im Frühjahr 1984 wurden zehntausende Ausreisen innerhalb kürzester Zeit genehmigt. Zum großen Erstaunen des ZKs löste sich damit das Problem aber nicht auf, sondern wurde größer. Denn die großzügige Bewilligung führte in Kürze zu über 60.000 neuen Ausreiseanträgen. Diese wurden selten genehmigt und die Betroffenen hatten mit enormen Drangsalierungen seitens des Staates zu kämpfen.

ternehmens.

Ein Modell selbst ist blind für solche Konsequenzen sowie für nicht eingeschlagene Alternativen. Oft müssen scheinbar „logische" Ursache-Wirkungs-Ketten zur Seite gelegt und kreative neue Lösungen gefunden werden, um einen Erfolg langfristig zu sichern.

Bezüglich der Güte ökonomischer Modelle bildet die Finanzkrise im Jahr 2008 eine Zäsur. Auf ihrem Höhepunkt verliehen sich Banken untereinander – da die Akteure sich misstrauten – kein Geld mehr. Nur durch staatliche Sicherheiten konnte das Vertrauen ineinander wiederhergestellt werden – unendliche Steuermilliarden und der Preis einer fassungslosen Öffentlichkeit zur Stabilisierung der Gefühlswelten verunsicherter Banker. Spätestens mit dieser Offenbarung und den weiteren politischen, gesellschaftlichen und ökologischen Zuspitzungen wuchs der Zweifel an betriebswirtschaftlichen Rationalitäten und deren mechanistischen Erklärungsmodellen sowie daran, Komplexitäten in Gänze analytisch durchdringen zu können.

Strategie als dynamischer Prozess

Vaara, E., & Whittington, R. (2012). Strategy-as-Practice: Taking Social Practices Seriously. The Academy of Management Annals. 6(1), 285 - 336

Da Unternehmen zunehmend erkennen, dass sich die betriebliche Wirklichkeit nicht mit einfachen Ursache-Wirkungs-Beziehungen erklären lässt, haben sich unlängst Ansätze wie etwa „Strategy as Practice" oder „Behavioral Controlling" etabliert [‹›]. Diese geben die Ursache-Wirkungs-Dogmen klassischer markt- oder ressourcenorientierter Strömungen auf. Entscheidend sind hier nicht nur die nobelpreisgekrönten Studienergebnisse zu den Defiziten rational-ökonomischer Modelle, sondern eben auch die unauflösbare Vieldeutigkeit von Situationen. Die Annahme, dass eine Strategie das objektive Ergebnis eines rationalen

Planungsprozess darstellt, wird nicht nur bezweifelt, sondern als hinderlich angesehen. Dies bedeutet nicht, dass man Kennzahlen nicht nutzen sollte, sondern dass diese allein zu limitiert sind, um den Anforderungen einer volatilen Welt gerecht zu werden. Vielfältige Interaktions- und Aushandlungsprozesse innerhalb und außerhalb der Organisation sowie schnelle Anpassungen stehen hier im Vordergrund. In dieselbe Richtung geht auch die einflussreiche St. Galler Managementschule, die die Multirationalität und damit einhergehende Ambiguität in Unternehmen herausstellt und die Reichweite einer zentralen Steuerung hinterfragt.

Wie dem auch sei, die Güte eines Controllings bemisst sich immer weniger an seiner Modellstabilität, sondern an seiner Offenheit und Veränderungsfähigkeit. Und hier steht die Zunft hinsichtlich des Reaktionsvermögens und der Umsetzungsgeschwindigkeit vor spannenden Herausforderungen. Zwar schürt eine unsichere Welt die Sehnsucht nach Sicherheit und Vorhersagbarkeit. Aber keiner weiß, wie sich etwa die viel besungene Digitalisierung auswirken wird. Zu beobachten ist schon jetzt ein branchenunabhängiger Trend zu kürzeren Zeiträumen und sogar zu einem gänzlichen Verzicht auf Mittelfristplanungen. Die Begründung ist einfach: Wenn schon die Planungen für das nächste Jahr kaum eintreffen, wie lässt sich dann einschätzen, was in drei Jahren sein wird? Hält man die Organisation im Sinne des Modells künstlich starr, fühlt sich das solange beruhigend an, bis die Entfremdung zur volatilen Welt an den Abgrund führt. Viele schielen auf die Software-Welt und deren Ansatz eines agilen Managements. Da die schnellen Marktveränderungen und fortwährenden Produktanpassungen nicht mehr planbar sind, verzichtet

Rationalität im Controlling

Inzwischen gibt es zahlreiche Veröffentlichungen in betriebswirtschaftlichen Zeitungen, die selbstkritisch auf die Herausforderungen einer modellhaften kennzahlenorientierten Steuerung verweisen:

Julmi, C. (2018). Entscheidungen bei entgrenzter Rationalität. Controlling & Management Review, 1, 52-56

Walgenbach, P. & Goldenstein, J. (2016). Alles ist gut! Wenn Controlling in die Irre führt. Controlling & Management Review, 60, 16-21

Weber, J. (2013). Verhaltensorientiertes Controlling. Plädoyer für eine (nicht ganz) neue Sicht auf das Controlling. Controlling – Zeitschrift für erfolgsorientierte Unternehmenssteuerung, 25, 217-222

Agile Steuerungen

In einer hochautomatisierten Industrie lassen sich durch Sensortechnologien relevante Daten in Echtzeit erheben und so agile Steuerungen ermöglichen. Durch Self-Service-Business-Intelligence-Systeme werden Daten vor Ort erhoben und interpretiert, anstatt im fernen Controlling aufbereitet. In der Praxis zeigen sich aufgrund der Datenflut und verflochtener Arbeitsprozesse in einer global-diversifizierten Zuliefererwelt dabei allerdings vielfältige Hürden. In diesem Umfeld entscheidungsrelevante Informationen zu extrahieren und zu kombinieren, gestaltet sich zunehmend schwierig. Für personenbezogene Dienstleistungen könnte das Vorort-Prinzip ein interessanter Ansatz sein. Weniger wegen der Datenerhebungen mittels Sensoren. Aber die hier wichtigen Kennzahlen könnten, schnell aufbereitet, jederzeit für alle einsehbar, anstatt in standardisierten Reportings, dargestellt werden. Dies könnte helfen, notwendige Entscheidungen schnell und vor Ort zu treffen – insofern die Organisationsreife dafür vorhanden ist.

man dort auf mehrjährige Planungen und zentrale Steuerungen. Stattdessen setzt man auf sich selbstregulierende, vernetzte Einheiten mit kurzfristigen Zielen und sofortigen Prozessanpassungen.

Solche Agilität gestaltet sich jedoch schwierig. Neben Strukturveränderungen müssen vielfältige Kultur- und Mentalitätsveränderungen gemeistert werden. Die Prinzipien des agilen Arbeitens wurden 2012 im „Manifesto for Agile Software Development" in zwölf Statements beschrieben: Demnach sollen Mitarbeitende in selbstbestimmten Teams mit viel direkter Kommunikation, insbesondere zu den Kunden arbeiten. Wichtiger als Projektpläne, Verträge, Mittelfristplanungen oder Lastenhefte sind Prototypen, schnelle Überarbeitungen und Anpassungen. Dabei können die Mitarbeitenden selbst entscheiden, welche Ziele sie wie und wann erreichen möchten. Das Arbeitstempo wird dabei so gewählt, dass es unbegrenzte Zeit eingehalten werden kann, ohne zu erschöpfen.

Im Idealfall profitieren Mitarbeitende und das Unternehmen gleichermaßen, da Hierarchien und langwierige Entscheidungswege wegfallen und Handlungsspielräume entstehen. Den Mitarbeitenden wird zugetraut, dass sie die optimalen Lösungen finden und selbstbestimmt umsetzen. Agile Arbeitsformen fördern nicht nur die Leistung, sondern auch die Gesundheit, wie aktuelle Studien vermuten lassen [‹›].

Leider verwenden viele Firmen das Schlagwort „agil" aber nur, um einzelne Versatzstücke dieses Ansatzes einzuführen. Die Mitarbeitenden bekommen zwar mehr Verantwortung, aber es wird versäumt, durch Struktur- und Mentalitätsveränderungen tatsächliche Befugnisse und Gestaltungsspielräume zu übertragen.

So entsteht eine „Scheinagilität" nach dem Motto: Sei flexibel, selbstverantwortlich und kreativ, aber stimme jeden Schritt weiterhin mit deinen Führungskräften ab! Dies ist das Muster einer lähmenden Situation. Es werden zwei nicht miteinander vereinbare Anforderungen gestellt. Egal, wie sich die Mitarbeitenden verhalten – sie werden verlieren. Entweder sie agieren kreativ, eigenverantwortlich und eigenständig oder sie stimmen alles mit höheren Hierarchieebenen vorher ab. Da beides gleichzeitig nicht möglich ist, werden sie niemals den gestellten Ansprüchen gerecht. In der klinischen Psychologie spricht man bei solch paradox-lähmenden Situationen von „double-bind"-Konstellation mit einem „lose-lose"-Muster (*empaclip.de/170*).

Agile Arbeitsformen halten gesund

Die Ergebnisse einer psychophysiologischen Studie zeigen, dass agile Arbeitsformen aufgrund höherer Selbstbestimmung und weniger Phasen von Zeitdruck mit geringerem Stress einhergehen.

Tuomivaara, S. Lindholm, H. & Känsälä, M. (2017). Short-Term Physiological Strain and Recovery among Employees Working with Agile and Lean Methods in Software and Embedded ICT Systems, International Journal of Human-Computer Interaction, 33, 11, 857-867

Pathologie der Scheinagilität

Scheinagilität nach dem Motto: Sei flexibel, selbstverantwortlich und kreativ, aber stimme jeden Schritt mit den Führungskräften ab! Dies ist das Muster einer paradox-lähmenden double-bind-Konstellation mit einem lose-lose-Muster. Es werden zwei nicht miteinander vereinbare Anforderungen gestellt. Egal, wie sich die Person verhält – sie wird verlieren. Entweder ist sie eigenständig und flexibel oder sie stimmt alles mit einer höheren Hierarchieebene ab.

Was bedeutet das nun für die Gestaltung von Unternehmenskulturen?

Kennzahlen und ein Controlling sind notwendig, um nicht erratisch, sondern faktengestützt zu agieren. Daten und Fakten werden in einer volatilen Welt einerseits wichtiger und andererseits in ihren Wechselwirkungen immer schwieriger zu interpretieren. Heikel wird es, wenn ein Modell unzureichende Annahmen über Zusammenhänge transportiert und diese durch scheinbare Objektivität legitimiert oder wenn notwendige Handlungs- und Innovationsspielräume gedanklich verengt werden.

Aber nicht nur die Prognosekraft, sondern auch die heute notwendige Innovationrate hadert in einer volatilen Welt mit einer klassischen Mittelfristplanung. Innovation war schon immer von Zufällen geprägt. Solche Zufälle kann man weder beschwören noch mit einem Businessplan entwerfen. Man kann lediglich ein Umfeld schaffen, in dem Innovation wahrscheinlicher wird. Einige Unternehmen gliedern Abteilungen, organisiert wie Startups, als sogenannte Inkubatoren aus, in denen Mitarbeitende recht ergebnisoffen und ohne Mittelfristplanung experimentieren sollen. Weg von Abteilungen, die als geschlossene Einheiten vor sich hin werkeln, hin zu flachen Hierarchien und Teamarbeit, um erfinderischer, flexibler und näher an der Kundschaft zu sein. Ob dieses Modell aufgeht, wird sich zeigen. Denn was die Mitarbeitenden in Startups antreibt, ist wohl eher im Geist des freien Unternehmertums zu finden als im Angebot eines Co-Working-Space. Dieser lässt sich in einem angestellten Verhältnis ohne empfindliche Gewinn- und Entscheidungsbeteiligung kaum imitieren.

Kennzahlen sind weder gut noch schlecht, sondern lediglich Hilfsmittel. Automatisierte und maschinengetriebene Tätigkeiten lassen sich durch Daten gut steuern. Gleichfalls lässt sich ein Opernhaus mit 600 Mitarbeitenden nur mittels Kennzahlen leiten – aber ohne gestalterische und musische Glanzleistungen fährt das Haus unwiderruflich gegen die Wand. Da schützen weder Kennzahlen noch ein ausgebufftes Controlling. Ähnlich geht es Werbeagenturen, Startups, Zeitungen oder Forschungseinrichtungen. Vertrackter ist die Ausgangslage in Verwaltungen oder im Sozial- und Gesundheitswesen. Zwar entscheiden auch hier menschliche Faktoren über die Güte von Leistungen, aber die Kundschaft kann nur bedingt frei entscheiden, ob sie Leistungen in Anspruch nimmt. Damit rücken die qualitative Leistungserstellung schneller aus und die Kostenstrukturen stärker ins Blickfeld.

Kennzahlen sind äußerst hilfreich, wenn man nicht dem Glauben verfällt, dass Zahlen, Daten und deren Berechnung und Darstellung objektiv und unbefangen wären. Und wenn man nicht der Verführung unterliegt, die betriebliche Welt in einfachen Ursache-Wirkungs-Ketten auf wenigen Folien zu beschreiben. Als Gatekeeper hat das Controlling eine Machtposition inne. Die Frage ist: Wie wird mit Kennzahlen in einer Organisation umgegangen? Ihr Nutzen ist so groß, wie er die oben beschriebenen Dimensionen von Wirksamkeit und Sinnerleben unterstützt. Controllerinnen und Controller stellen nichts her und verkaufen nichts. Jede Organisation ist ohne sie denkbar.

Besteht ein fundiertes Verständnis der betrieblichen Praxis, kann Leitung und Controlling durchaus in Personalunion stattfinden – wie es in vielen handwerklichen Betrieben der Fall ist. In allen anderen Fällen müssen Wege gefunden werden, um mit den anderen, insbesondere den vornehmlich wertschöpfenden Rationalitäten im Unternehmen umzugehen. Presst man die Wirklichkeit aus einer Sicherheits-, Kontroll- oder Machtliebe in ein Modell, entstehen Reibungen und Widerstände, die Leistungseinbußen und wirtschaftliche Risiken befördern. Und dies umso mehr, wenn in einer Organisation Leistungen auf menschlichem Engagement basieren. Kennzahlen reporten nicht nur nach oben, sondern sie strahlen auch nach unten aus. Zahlen fallen nicht vom Himmel, der Umgang mit ihnen lässt sich gestalten.

In einer leistungsorientierten Unternehmenskultur besteht ein reger Austausch zwischen diesen Rationalitäten mittels Kommunikation, Hospitation, Qualifikationsangeboten sowie gemeinsamen Planungen und Entscheidungen.

Um betriebswirtschaftliche Steuerungsinstrumente und Wertschöpfungsprozesse zu harmonisieren, sollten Mitarbeitende die Nöte des Rechnungswesens und des Controllings verstehen. Aber nicht nur der Berg sollte zum Propheten, sondern auch dieser zum Berg kommen.

Japan & Kennzahlen

Von Taiichi Ohno wird im nächsten Kapitel ausführlich berichtet. Herausragend auch Genichi Taguchi, der vielerlei statistische Methoden für die Fertigung und Montage entwarf. Kaoru Ishikawa, bekannt durch ein gleichnamiges „Ursache-Wirkungs-Modell", entwickelte viele kennzahlenbasierte Instrumente in seinem Company- Wide- Quality-Control-Ansatz (CWQC). Aber auch er betonte die Wichtigkeit der Einbeziehung der Mitarbeitenden auf allen Ebenen.

Führungskräfte und Controllerinnen müssen die vielfältigen Bedingungen der Leistungserbringung verstehen. Japanische Unternehmen benutzen mannigfaltige Kennzahlen, bekanntermaßen liegen die Ursprünge vieler ausgefeilter Techniken wie Six Sigma und andere dort. Aber nicht zuletzt William Deming und Joseph Juran, welche als Vermittler zwischen japanischem und westlichem Management wirkten, betonten stets, dass der Kern jegliches Erfolges in der Kundenausrichtung besteht. Kundinnen und Kunden sind nach diesem Verständnis insbesondere auch die Mitarbeitenden des Unternehmens. Bis heute gehen japanische Firmen in ihrer Entscheidungsfindung, trotz aller Kennzahlenorientierung, anders als westliche Unternehmen vor. Die Schlagworte sind hier: „Nemawashi" und „Ringisho". Nemawashi beschreibt keine Methode, sondern eine Haltung. Frei übersetzt bedeutet es, „an die Wurzeln gehen" beziehungsweise diese freizulegen. Nemawashi ist der Einsicht geschuldet, dass in der Managementebene vieles zu weit vom Operativen entfernt ist, und dass zusammenfassende Kennzahlen nur unzureichende Informationen bieten. Dass es demnach an Wissen fehlt, um sinnvolle betriebliche Entscheidungen zu treffen. In der Folge werden die Expertenmeinungen der Mitarbeitenden an der operativen Basis stetig eingeholt und einbezogen. Japanische Führungskräfte sind regelmäßig vor Ort und tauschen sich direkt mit den Mitarbeitenden über Arbeitsprozesse aus. In Japan steht hierfür der Begriff „Gemba" – auf Deutsch „Tatort". In Unternehmen bezeichnet dieses den Ort, an dem die eigentliche Wertschöpfung stattfindet. Neben diesem informellen Vorgehen bezeichnet Ringisho eine penible Vorgehensweise bezüglich einer partizipativen Entscheidungsfindung. Dies wird durch „Umlaufakten" realisiert, in denen die Meinungsbilder aller Beteiligten und die Entscheidungsfindung dokumentiert wird. Dieses Vorgehen, welches durchaus umständlich und bürokratisch anmutet, nötigt Entscheidungen viel Aufwand ab. Japanische Unternehmen argumentieren, dass dieser Aufwand durch eine reibungslose und nachhaltige Umsetzung aufgrund der hohen Akzeptanz mehr als kompensiert werde. In diesem Ansatz ist es unausweichlich, dass die Mitarbeitenden sich einbringen und Entscheidungen mittragen.

Das Engagement japanischer Mitarbeitender in der Ausführung ihrer Tätigkeit ist in der Tat faszinierend. Die legendäre Pünktlichkeit des Schnellzuges Shinkansen ist dafür ein Synonym und nicht auf diesen beschränkt. Der Großraum Tokyo mit seinen 37,7 Millionen Menschen verfügt über ein dichtes Netz von U- und S-Bahnen. Diese werden durch eine Vielzahl staatlicher und privater Anbieter mit teils unterschiedlichen Spurweiten betrieben. Viele technische Anlagen sind in die Jahre ge-

Japanische Pünktlichkeit

„Wir entschuldigen uns zutiefst für die großen Unannehmlichkeiten, die wir unseren Kunden zumuten."

Ausschnitt aus der Pressemitteilung der privaten Eisenbahngesellschaft „Tsukuba Express" vom 14.11.2017, als eine S-Bahn in Tokio an diesem Tag 20 Sekunden zu früh abfuhr.
Hat der berühmte Schnellzug Shinkansen mehr als eine Minute Verspätung, ist dies eine nationale Schlagzeile wert und geht mit Entschuldigungen des Bahnvorstandes einher.
Diese für uns unheimlich anmutende Pünktlichkeit hat verschiedene Gründe, ist aber vor allem der Mentalität aller Mitarbeitenden geschuldet. Diese Mentalität soll in unseren Gefilden durch ein QM-System entfacht werden.

kommen und sanierungsbedürftig. Die Wetterverhältnisse in dieser Region sind extrem. Im Winter Frost und im Sommer Hitze mit hoher Luftfeuchtigkeit, dazu hunderte von leichten oder spürbaren Erdbeben. Trotz dieser widrigen Umstände sind Abweichungen vom Fahrplan selten und Zeitungsmeldungen wert. Diese Zuverlässigkeit basiert auf der Einbindung der Mitarbeitenden (und der Fahrgäste). Mentalitätsunterschiede bezüglich des Pflichtbewusstseins und der Einstellung zur Arbeit mögen manches erklären. Letztendlich liegt aber viel in der Prozess- und Unternehmensgestaltung, die sich mit den Prinzipien des Kaizens, wie im folgenden Kapitel näher ausgeführt, darstellen lassen.

8

Gute Arbeit
– oder was hat Moselwein mit Toyota zu tun?

Im Folgenden werden die Kernfragen einer guten Arbeit erörtert. Was macht Leistung aus? Orientierung können hier die Prinzipien des klassischen Qualitätsmanagements geben. Diese werden oftmals falsch verstanden und in ihrem Potential nicht genutzt. Dabei sind es nur wenige Aspekte, die für erfolgreiche Arbeitsstrategien von Bedeutung sind.

Was haben Moselwein und japanische Autos gemeinsam? Nichts. Doch beim näheren Hinsehen finden sich erstaunliche Parallelen in der Produktionsphilosophie zwischen einem Pfälzer Familienbetrieb und einem hochautomatisierten japanischen Autowerk. Aber dazu später mehr.

Bleiben wir noch für einen Moment in Fernost. Die auf den Automessen lächelnden sowie anfangs belächelten Japaner schickten sich ab den Siebzigerjahren an, die westlichen Produzenten hinsichtlich Innovation, Qualität und Produktivität vor sich herzutreiben. Alles blickte nach Japan und versuchte, die dortigen Produktionsprinzipien zu verstehen und zu kopieren. Es hagelte Untersuchungen, die zeigten, dass die einseitige Orientierung des Westens an „harten" Erfolgskriterien wie *Stückzahl*, *Unternehmensstruktur* und *Aufbauorganisation* in Japan durch eine Orientierung an „weichen" Faktoren wie *Führungsstil* und *Partizipation* der Mitarbeitenden erfolgreich ergänzt wurde [‹›].

Japanisches Management

Was machen die Japaner anders?

Pascale, R. T. & Athos, A. G. (1981). The Art of Japanese Management. Penguin, London

Dies war aber nur die logische Folge einer ganz anderen Entwicklung. Die Japaner hatten folgenschwer die bis dahin gängige Produktionsphilosophie auf den Kopf gestellt. Dies ermöglichte ihnen, Autos in kürzerer Zeit, mit höherer Qualität, flexibler und preiswerter zu produzieren. Dies klingt verdächtig nach der eierlegenden Wollmilchsau. Eine solche ist es auch. Heute haben alle Produzenten diese Prinzipien übernommen und mit der hiesigen Gründlichkeit zu ihren fernöstlichen Meistern aufgeschlossen. Dadurch wurde in Deutschland die Produktionszeit eines Mittelklassewagens von 100 auf unter 15 Stunden gedrückt, und dies bei steigender Komplexität und Qualität der Produkte. Wie ist das möglich?

Der Zauberspruch heißt *Toyota Seisan Hōshiki* oder auf Deutsch *Toyota Produktionssystem* (TPS). Die dazugehörigen Zauberwörter sind *just in time, one piece flow, Jidōka-Prinzip, Pokayoke, Kanban-Systeme* und andere (*empaclip.de/180*).

Die Absicht ist, jegliche Form von Verschwendung hinsichtlich Materials, Produktionszeit oder Flächen zu vermeiden. Dieses Prinzip wurde ursprünglich aus der Not heraus geboren. Denn zu Anfang des 20. Jahrhunderts war Japan isoliert und verfügte über wenig Rohstoffe. Herr Taiichi Ohno, Produktionsleiter bei Toyota, hatte dieses Prinzip konzeptualisiert. Als die Firma Toyota die Beschreibung ihres revolutionären Produktionssystems im Jahr 1992 veröffentlichte, gab es auch im Westen bald kein Halten mehr [‹›]. Der Begriff „Produktionssystem" ist hier allerdings irreführend. TPS beschreibt vielmehr Philosophien und Prinzipien, die von den Mitarbeitenden – angefangen vom Pförtner bis hin zum Vorstandsvorsitzenden – gelebt und stetig weiterentwickelt werden müssen.

Toyota-Produktionssystem

Taiichi, O. (1993). Das Toyota-Produktionssystem Campus-Verlag, 1993

Für Interessierte und beruflich in dieser Richtung nicht Vorbelastete finden sich dazu die *empaclips 190 und 200*, die anschaulich dieses System und die zugrundeliegenden Prinzipien erklären. In Kürze dazu nur so viel:

In einem traditionell-tayloristischen System lautet die Maxime: Möglichst schnell produzieren und dem nachfolgenden Arbeitsplatz tunlichst viel zur Weiterverarbeitung andienen (Push-System). Die Akkordarbeit führt zwar an allen Arbeitsplätzen zu hohem Output. Da aber nicht überall gleiche Bearbeitungszeiten notwendig sind, werden Produktionsteile zwischengelagert und erst verzögert dem nächsten Arbeitsplatz zugeführt. Es benötigt eine Logistik mit einer Vielzahl von Hochregallagern und Gabelstaplern. Da nun Produktionsteile wochenlang eingelagert werden, fällt es mitunter erst spät auf, wenn sich Produktionsfehler einschleichen. Um dieses kostentreibende Phänomen einzudämmen, braucht es zahlreiche Qualitätskontrollen. Der Anreiz, stillstehende Maschinen wegen Umrüstungen oder Defekten schnell wieder in Betrieb zu nehmen, ist gering, da die nachfolgenden Arbeitsplätze lange aus dem Lager bedient werden können.

Kurzum: Der hohen Produktivität des tayloristischen Ansatzes stehen Lagerkosten, Transportkosten, Fehl- und Überproduktionen, teure Qualitätskontrollen sowie eine suboptimale Maschinenauslastung gegenüber. Genau diese Verschwendungen und Qualitätseinbußen haben die japanischen Manager erfolgreich eliminiert und dabei die Produktivität und Flexibilität erhöht.

Der fundamentale Bruch in der Entwicklung ihrer Produktionslogik bestand in der Wandlung von einem Push- zu einem sogenannten „Pull"-System. Das Pull-System lässt sich am besten aus der Sicht der Kundschaft erklären:

Ein Kunde konfiguriert seinen Traumwagen mit den bevorzugten Farben sowie Antrieb und Ausstattung. Der Auftrag geht an den Hersteller und 16 Stunden später ist das gewünschte Auto produziert.

Wie ist das möglich?

Das Prinzip des Pull-Systems besteht darin, dass die Endmontage als Erstes den Auftrag bekommt. Um die Endmontage vorzunehmen, ordert diese bei den vorgelagerten Arbeitsplätzen die dazu benötigten Teile. Diese ordern dann ihrerseits bei den ihnen vorgelagerten Arbeitsplätzen das, was sie benötigen – und so weiter. Dieses System zieht sich bis zu den Zulieferern und den Stahl- und Chemiefabriken hin, die die Rohstoffe zum Bau eines Autos liefern. Nicht die ersten Arbeitsplätze in einer Produktionslinie „pushen" durch ihren Output alle folgenden, sondern der letzte Arbeitsplatz bestimmt durch das Ordern (pull) an die vorgelagerten Arbeitsplätze den Takt. Hinzu kommt eine just-in-time-Logik mit der Verkettung aller Arbeitsplätze. Dies bedeutet, dass alle Arbeitsprozesse zeitlich und räumlich so aufeinander abgestimmt sind, dass ein kontinuierliches Fließen ohne jegliche Lagerung und mit möglichst wenig Transport möglich wird. Da der Eingang der Aufträge die Produktionsreihenfolge bestimmt, werden die Maschinen in Windeseile für die verschiedenen Varianten umgestellt.

Die Verminderung des räumlichen Transports hat bei Zulieferern aus der schwäbischen Alb oder gar China so ihre Grenzen. Aber alle Zulieferer müssen im festgelegten Stundentakt oder „Slots" in einer bestimmten Reihenfolge ihre Teile anliefern. Vom Lkw direkt aufs Band werden die Teile ohne Lagerung weiterverarbeitet. So zumindest das Ideal. Man kann sich vorstellen, dass ein weltweiter Produktionsfluss ohne jegliche Unterbrechung eine logistische und ingenieurstechnische Meisterleistung darstellt, die nie vollkommen sein kann. Allerdings führen heutige Maschinen- oder Nachschubausfälle zum Stillstand aller nachgelagerten Arbeitsbereiche und im Sekundentakt entstehen enorme Kosten. Deswegen müssen alle Arbeitsprozesse und Maschinen reibungslos und fehlerfrei laufen. Weder Mensch noch Maschine dürfen in diesem fragilen System Fehler machen, denn es gibt keine Puffer mehr. Die Prozesse müssen so gestaltet sein, dass sie narrensicher sind.

Hier kommt die entscheidende Größe ins Spiel: Die Motivation und Qualifikation der Mitarbeitenden. Sie sind die entscheidenden Ressourcen, die es zu nutzen gilt. Taiichi Ohno hat früh erkannt, dass diese radikale Prozessveränderung nur durch die Mitarbeitenden, also durch ein Bottom-up-Vorgehen, erreicht werden kann. Legendär ist bei Toyota die „Andon-Leine" zum Stoppen des Bandes. An dieser können die Mitarbeitenden ziehen, wenn ihnen Fehler unterlaufen oder sie etwas als suboptimal erkennen. Gut geschult und motiviert überlegen sie selbst oder mit Expertinnen und Experten, die sofort verfügbar sind, wie die Mängel zu beseitigen sind. Fehler werden dabei nicht den Mitarbeitenden, sondern der Gestaltung des Arbeitsprozesses angelastet. Kann etwas vergessen oder verwechselt werden, ist der Prozess fehlerhaft. Dieses Prinzip nennt sich Poka-Yoke – „narrensicher sein". Wir sind heute umgeben von Poka-Yoke. Wir haben es mehrfach in Griffweite. Denken Sie an den Zuschnitt Ihrer SIM-Karte. Ein Rechteck mit einer ausgesparten Ecke. Dies lässt nur eine Möglichkeit zu. Das Einlegen der SIM-Karte in ein Handy ist damit narrensicher gestaltet.

Aber warum ist dies alles für ein Büro, eine Schule, ein Krankenhaus oder ein Geschäft interessant? Der Weg zu diesem fragilen und vertrackten System erfordert nicht nur eine technische Veränderung, sondern eine Mentalitätsveränderung bei allen Beteiligten. Herr Ohno hatte kein fertiges „TPS"- Konzept in der Schublade. Er konnte lediglich seine Mitarbeitenden mit der Idee anstecken, jeden Arbeitsprozess in dauernden Verbesserungsschleifen fehlerlos und bar jeder Verschwendung zu gestalten. Nach Jahrzehnten war dann – für industriell hergestellte Güter – eine räumliche und zeitliche Verkettung der Arbeitsprozesse samt Pull-Prinzip entstanden. Am Anfang standen die Überzeugung und die Qualifikation aller im Werk Angestellten.

Der Ursprung des QM

Deming, W. E. (1986). Out of the Crises. MIT Press, Cambridge

Taiichi Ohno war im Hinblick auf die Rolle der Mitarbeitenden inspiriert von dem Amerikaner William Edwards Deming [‹›]. Dieser hatte mit seinen innovativen Managementideen in den USA kein Gehör gefunden und war 1950 nach Japan emigriert, wo seine Ideen viel Zustimmung fanden. Und nun kommen wir langsam zum Clou der Geschichte. Diesen William Edwards Deming werden viele kennen. Der im hiesigen Qualitätsmanagement zentrale Kerngedanke ist durch Deming angeregt und nach ihm benannt – der Deming- oder auch PDCA-Zyklus.

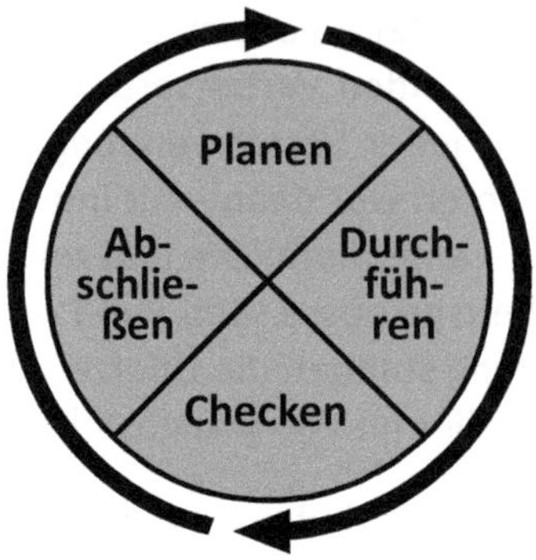

Abbildung 17: Deming- oder auch PDCA-Zyklus. P: Plan. D: Do. C: Check. A: Act

Das hiesige Qualitätsmanagement, welches jede Fabrik, Verwaltung, Arztpraxis oder jede Hochschule und jedes Krankenhaus heute einführen muss, ist der mentale Kollateralschaden des Toyata-Produktionsystems. Von dort aus hat sich das Qualitätsmanagement in eine steife DIN-Norm verwandelt mit dem Charme einer Gebrauchsanweisung für Nachttischlampen. Im folgenden Kapitel wird versucht, den Kern und Nutzen, aber auch so manchen Irrtum bezüglich eines QM in wenigen Sätzen darzulegen.

9

Qualitätsmanagement – alter Wein in neuen Schläuchen!?

Der US-Amerikaner William Edwards Deming und andere haben aufgegriffen, was Menschen schon seit Jahrhunderten leben, und daraus eine Managementphilosophie abgeleitet, die sich im Zuge einer so tollkühnen Reorganisation, wie sie in Japans Fabriken stattfand, bewährt hat.

Um den Kern eines QM-Ansatzes zu beschreiben, kehren wir nun zur Mosel zurück: Nehmen Sie sich einige Minuten Zeit und überlegen Sie, was eine erfolgreiche Winzerfamilie, die über Generationen erfolgreich Trauben keltert, ausmacht? Welche Prinzipien müssen Winzer konsequent anwenden, um zu bestehen?

Falls Sie selbst Wein anbauen oder ein klares Bild davon haben, können Sie dieses Kapitel und alle Lehrbücher zum Qualitätsmanagement getrost überspringen – mehr Gescheites gibt es dazu nicht. Die Arbeitsprinzipien eines Winzers sind auf alle Arbeitsbereiche übertragbar – angefangen von einem Einefrau-Internetladen bis hin zum Weltkonzern – was heute faszinierender Weise das Gleiche sein kann. Falls Sie keinen Wein trinken oder zumindest sich niemals mit der Herstellung dieses Getränkes auseinandergesetzt haben, versuche ich im Folgenden, die Quintessenz qualitätsorientierter Arbeit zu vermitteln – lehnen Sie sich zurück und nehmen Sie dabei gern ein Glas Wein zur Hand.

Die Techniken des Weinbaus (und damit des Qualitätsmanagements) sind ungefähr 7.000 Jahre alt. Wie so vieles begann auch dieser im Zweistromland, im heutigen Irak. Essenziell beim Weinanbau sind die Reben. Menschen haben schon früh verstanden, aus den wilden Reben Kulturreben mittels Kreuzungen zu züchten. Heute gibt es tausende Rebsorten. Was müssen aber nun Winzer tun? Sie probieren, durch Kreuzungen der Reben und durch Veränderungen im Herstellungsprozess – angefangen vom Zeitpunkt der Lese über den Mix der Trauben (Verschnitt) bis hin zur Art und Dauer der Lagerung – gute Ergebnisse zu erzielen, die heutigen hochkomplexen, chemischen und industriellen

Aspekte lassen wir aus romantischen Gründen einmal beiseite.

Versucht man, die diesem Prozess zugrundeliegenden Prinzipien in wenigen Worten zu beschreiben, ist festzustellen, dass Winzer immer wieder etwas Neues ausprobieren und prüfen, ob es ihnen und den Kundinnen und Kunden schmeckt. Wichtig ist jedoch: Wenn ein Fass nach zwei Jahren geöffnet und erfolgreich verkostet wird, muss der Winzer oder die Winzerin noch wissen, welche Arbeitsschritte und Verschnitte vor Jahren zu dem Ergebnis geführt haben. Egal, ob bewusst oder unbewusst – in irgendeiner Form müssen Winzer schon immer Prozessbeschreibungen und Prozessstandards benutzt haben. Neben den sich ändernden Vorlieben der Kundschaft müssen sich stetig ändernde Umweltbedingungen – Wetterkapriolen, Schädlinge, die nie schlafende Konkurrenz, fantasievolle Gesetzgeber und vieles mehr – beachtet werden.

Weinhersteller sind dabei nicht nur passive Akteure. Sie beeinflussen wiederum selbst ihre Umwelt, indem sie neue Geschmacktrends setzen, trendige Etiketten erfinden und neue Reben in den heimischen Kulturraum einführen. Da sie den Wein nicht alleine herstellen können, sind sie darauf angewiesen, ein gut geschultes Team zu haben. Und schließlich: Um bei 37 Grad Celsius gestauter Hitze auf einem steil abfallenden Hang die Trauben händisch zu ernten, attackiert von traubensaftbenebelten Insektenschwärmen, bedarf es großer Hingabe zu diesem Beruf.

Kurzum: Winzerinnen und Winzer haben ein Ansinnen und sie probieren dazu stets neue Prozesse und Produktionsweisen aus. Sie prüfen, ob die Ergebnisse taugen und diese die Erwartungen der Kundschaft erfüllen. Sie modifizieren und beschreiben Arbeitsprozesse, damit sichergestellt wird, dass die Qualität des Weins sich wiederholen lässt. Dabei ist kein Standard in Stein gemeißelt, denn Umweltbedingungen ändern sich. Sie motivieren und qualifizieren ihr Team, denn missglückte Arbeitsprozesse sind in der Weinherstellung unwiderruflich.

Das ist alles, was Sie über Qualitätsmanagement wissen müssen. Winzer wenden die Prinzipien des Qualitätsmanagements seit 7.000 Jahren umfassend an, ohne zu ahnen, dass sie damit die Anforderungen einer ISO Norm 9000ff. erfüllen. Und dies haben sie mit Mitarbeitenden in Japans Werken gemeinsam, denn dort gibt es ebenfalls kein gesondertes Qualitätsmanagement, sondern deren Prinzipien sind Teil eines strategischen, normativen und operativen Managements und in der DNA aller Angestellten verankert.

Der Kerngedanke des Qualitätsmanagements besteht in der Reflexion des eigenen Tuns und der stetigen Verbesserung der grundlegenden Handlungen, die für ein Ziel, welches man klar vor Augen hat, notwendig sind. Im Japanischen wird dies durch die Lebens- und Arbeitsphilosophie *Kaizen* – der „stetige Wandel zum Besseren" – ausgedrückt.

Was heißt das nun für unseren weinfernen, westlichen Arbeitsalltag? Der QM-Experte Peter Gerull schrieb zutreffend: „Qualitätsmanagement eignet sich bestens für sprachliche Imponier-Attacken auf Ahnungslose. Dem stimme ich zu. Denn gerne wird bei der Einführung eines QM-Systems versäumt zu verdeutlichen, worum es eigentlich geht oder auch in welche Richtung etwas entwickelt werden soll.

QM ist kein Selbstzweck, sondern lediglich ein inhaltsleerer Instrumentenkoffer. In Japan war es das Ziel, alles ohne überflüssige Handgriffe und durch eine vollkommene Standardisierung möglichst ressourcenschonend und *narrensicher* zu gestalten. Durch diese Historie ist eine bis heute anhaltende Verwirrung bezüglich des Kerngedankens des Qualitätsmanagements entstanden, die darin besteht, die Eliminierung jeglicher Verschwendung als vornehmliches Ziel auf alle Arbeitsbereiche zu übertragen. Ressourcen zu schonen ist ökonomisch und vor dem Hintergrund einer zu schützenden Umwelt stets sinnvoll, aber nicht der Zweck einer Organisation. Es mag ein Ziel sein, ohne Sauerstoffmaske den Mount Everest zu besteigen, aber es ist wenig zielführend, daraus die Norm abzuleiten, stets mit wenigen Atemzügen zu wandern. Rationalisierung und Standardisierung ist nicht gleich Qualität. Eine solche Maxime lässt sich beispielsweise auf Dienstleistungen nur bedingt übertragen – man stelle sich eine Ärztin vor, die experimentiert, wie sie in kürzester Zeit und mit minimalen vollstandardisierten Stakkato-Sätzen eine Anamnese durchführt und ihr Wartezimmer in einem one piece flow komplett durchdiagnostiziert. Auch eine Schule oder ein Nobelrestaurant nach solchen Prinzipien auszurichten, scheint grotesk. Ebenso ist ein Winzer nicht vorrangig getrieben, überflüssige Handgriffe zu eliminieren, sondern führt stattdessen umständliches Rütteln bei einer Flaschengärung ein. Eine Schule oder ein Seniorenheim könnten im Zuge einer Qualitätsorientierung feststellen, dass sie mehr nicht-standardisierte Zeit mit Kindern oder zu Pflegenden benötigen. In der Folge wären Verwaltungs- und Dokumentationsaufgaben zu verringern, um diese Mehrzeit zu ermöglichen. Die Ausrichtung eines QM wäre dann auf die bestmögliche persönliche Fürsorge gerichtet. Angefangen vom Hausmeister bis hin zur Leitung würden alle darüber brüten, wie sie ihrem gemeinsamen Ziel, mehr Zeit für soziale Kontakte, näherkommen könnten.

Qualitätsmanagement kurz erklärt

Es gibt unzählige Publikationen zum Thema QM. An dieser Stelle sollen die Kerngedanken und wichtigsten Aktivitäten herausgestellt werden. Qualitätsmanagement ist ein Instrumentenkoffer zur Organisationsentwicklung, der den Vorteil bietet, für jede Organisationsform – egal ob Kiosk, Team, Abteilung, Kirche, Redaktion, Schule, Krankenhaus, Freelancer oder Industrieunternehmen – nutzbar zu sein.

Die Prinzipien des Qualitätsmanagements sind, wie eben geschildert, uralt. Tatsächlich wendet ein motivierter Mensch mit einem Ziel vor Augen, der ausreichend Handlungsfreiheit und Kompetenzen besitzt, instinktiv die Maximen eines Qualitätsmanagements an – auch wenn man keine besonderen Kenntnisse darüber hat. Viele erfolgreiche Unternehmensgründungen lassen sich anders nicht erklären.

Qualitätsmanagement richtet den Fokus darauf, Arbeitsprozesse und Organisationen in immerwährenden Verbesserungsschleifen weiter zu entwickeln, um einwandfreie Ergebnisse zu erzielen – also eine lernende Organisation herauszubilden.

Die Herausforderung in größeren Organisationsformen besteht darin, dass sich die Ziele des Individuums nicht unbedingt mit den Zielen einer Abteilung oder des Gesamtunternehmens decken. Dies ist aber eine unabdingbare Voraussetzung. Eine stetige Verbesserung kann sich an vielem orientieren. In Abhängigkeit der Person, Tätigkeit, Funktion und Organisation können Verbesserungsziele höchst unterschiedlich sein.

Eine (gemeinsame) Ausrichtung bildet daher die erste von vier grundlegenden Bausteinen, die für eine qualitätsorientierte Arbeit Voraussetzung sind – sei es als Winzerin, Arbeitsvermittler, Handwerkerin, Bloggerin oder Verkäufer.

Im Folgenden werden dieser und drei andere wesentliche Bausteine zur erfolgreichen Implementierung eines Qualitätsmanagements skizziert. Weitere Beschreibungen und Instrumente finden Sie auf *kunstderarbeit.de*.

Baustein I – Orientierung

Für ein erfolgreiches Qualitätsmanagement ist es erforderlich, Orientierung zu geben. Haben Menschen kein Bild vor Augen, wohin der Weg geht, können sie schwerlich richtungsweisende Verbesserungsmöglichkeiten erkennen. Der bemerkenswerte Fehler, der dabei begangen wird, ist die Implementierung oder Zertifizierung selbst als Ziel vorzugeben. Die Einführung von QM kann kein Ziel sein, da es sich lediglich um eine inhaltsleere Methode handelt. Christoph Kolumbus hatte für seine wagemutigen Fahrten nicht ausgegeben, „das Segeln auf dem Meer zu verbessern", sondern er wollte neue Handelsrouten erkunden. Aber man kann davon ausgehen, dass er und seine Crew die Navigation stetig optimiert und den neuen Gewässern angepasst haben. Die Implementierung eines Qualitätsmanagements als ein Ziel vorzugeben, ist nicht nur sinnfrei, es verschwendet auch Ressourcen und frustriert Mitarbeitende.

Kurzum: Die Einführung eines Qualitätsmanagements, ohne die Mitarbeitenden auf ein übergeordnetes Ziel einzuschwören, führt zu kostspieligem Mehraufwand, der die Qualität der Arbeit mindert.

Eine Orientierung kann sich aus unterschiedlichen Quellen speisen. Im Sozial- und Gesundheitswesen mag es ein gesellschaftlicher Auftrag und ein fachlicher Anspruch sein, für ein IT-Unternehmen der Reiz der Innovation oder für Krankenkassen die Umsetzung des Präventionsgedankens. Es mag zudem gesetzliche Vorgaben, Weltanschauungen oder Traditionen geben, die die Ausrichtung einer Organisation beeinflussen. Entscheidend ist, dass durch interne Kommunikation ein gemeinsames Verständnis sichergestellt wird. Dazu sollten alle Akteure uneingeschränkte Klarheit über *vier* Fragestellungen haben:

1. Was ist die Unternehmensphilosophie?

Erfolgreiche Arbeitswelten vermitteln die besondere Bedeutung des eigenen Tuns. Wieso bauen *wir* Autos? Wieso betreiben *wir* in Marxloh eine Schule? Wieso unterhalten *wir als Kirche* ein Krankenhaus? Wieso verkaufen *wir* Lebensmittel? Wieso geben *wir* eine Zeitung heraus? Wieso schreibe *ich* einen Blog?

Kurzum: Wozu das Ganze? Was ist die besondere Unternehmensphilosophie? Was unterscheidet uns – in zwei Sätzen – von einer anderen Organisation aus derselben Branche?

2. Was ist die langfristige Strategie?

Die Entwicklung eines Unternehmens kommt durch die Summe aller Entscheidungen und Handlungen ihrer Akteure zustande. Deswegen ist es wichtig, diese auf ein übergeordnetes Ziel hin auszurichten. Wie wird die eigene Organisation in fünf bis zehn Jahren aussehen? Auf welche wirtschaftlichen, politischen, technischen und gesellschaftlichen Veränderungen wird in welcher Weise reagiert?

Kurzum: Wohin geht die Reise? Was muss stets mitgedacht werden, um in einem Verantwortungsbereich eine langfristige und notwendige Produkt-, Organisations- und Personalentwicklung in kleinen Schritten zu gestalten?

3. Aufgaben & Verantwortlichkeiten des Einzelnen

Für welche Aufgaben und Arbeitsprozesse ist der Einzelne verantwortlich und wann sind Arbeitsergebnisse als erfolgreich zu bewerten? An welcher Stelle dürfen und sollen sich Mitarbeitende einbringen?

Kurzum: Was wird von Einzelnen, Teams und Arbeitsbereichen genau erwartet? Was tragen diese jeweils zum Ganzen bei?

4. Welche Haltung ist angemessen?

Nicht jede Arbeitssituation ist eindeutig regelbar, deswegen sollten gemeinsame Haltungen entwickelt werden. Mitarbeitende brauchen ein Bauchgefühl dafür, was in einer Situation das gewünschte Verhalten ist. Macht man Kunden auf Rechte aufmerksam, auch wenn dies unwirtschaftlich für das Unternehmen ist? Ist die Autonomie eines Patienten höher zu bewerten als die fachliche Expertise? Ist Schnelligkeit oder ausführliche Recherche für eine Online-Publikation vorrangig? Ist einem Papierausdruck oder einer umweltschonenden eMail als Kundeninformation Vorrang zu geben?

Kurzum: Welche Entscheidungen sind im Alltag den Organisationsinteressen angemessen?

Baustein II – Mitarbeitende

Der Schlüssel zu einer lernenden Organisation liegt in den Mitarbeitenden. Sie allein können ihre täglichen Routinen optimieren. Hier stellen sich *drei* ernste Herausforderungen, denen begegnet werden muss:

1. Motivation

Prozessentwicklung basiert darauf, sich selbst und Mitarbeitende zu motivieren, stetige Verbesserungen vorzunehmen. Dies stößt auf psychische Barrieren. Die Aufforderung, das Bestehende zu verbessern, ist zugleich eine Beurteilung des Bestehenden als unzureichend. Dieses führt zu Rechtfertigungs- und Abwehrreflexen. Zudem widerspricht das beharrliche Infragestellen des eigenen Tuns der menschlichen Neigung nach Sicherheit, Routinen und Kontinuität.

Sind Mitarbeitende im Arbeitsleben fortwährend Anweisungen und deren Ausführungen gewohnt, braucht es eine drastische Korrektur von Einstellungen und Verantwortungserleben. Eine Reflexion von Wirkungen muss als Teil der jeweiligen Arbeitsaufgabe verinnerlicht werden. Solche Mentalitätsveränderungen müssen gezielt adressiert und thematisiert werden. Die Herausforderungen im Weinanbau oder etwa auch beim Segeln liegen nicht in immer gleichen Handlungen, sondern in der aufmerksamen und kreativen Reaktion auf veränderte Umweltbedingungen.

2. Verantwortung und Handlungsspielraum

Toyota hat mit seiner legendären „Andon-Leine" erkannt, dass die zeitliche Komponente für die erfolgreiche Einbindung der Mitarbeitenden entscheidend ist. Ideen werden eingebracht, wenn diese unmittelbar ausprobiert werden können. Ein (schriftliches) Vorschlagwesen mit zeitlich verzögerten Rückmeldungen und Entscheidungen auf höhergelagerten Ebenen ist ineffektiv und demotivierend. Aufwendige Entscheidungs- und Abstimmungsverfahren sind zu vermeiden, indem Verantwortung und Handlungsspielräume auf den „Prozesseigner" übertragen werden. Diesen Schritt scheuen viele Organisationen und führen damit die Kernidee eines Qualitätsmanagements ad absurdum.

3. Qualifikation & Technik

Die Übertragung von Verantwortung und Handlungsspielräumen gelingt, wenn Vertrauen in die Fähigkeiten der Mitarbeitenden besteht. Deswegen sind stetige Qualifizierungsmaßnahmen unentbehrlich. Mit zunehmendem Fach- und Methodenwissen steigen die Anzahl und Güte der Verbesserungsvorschläge. Neben fachlichen Weiterbildungen müssen interne niedrigschwellige Qualifizierungsmaßnahmen wie Mentorenprogramme oder systematische kollegiale Beratungen eingerichtet werden.

Kurzum: Bezogen auf die Mitarbeitenden geht es

um Wollen, *Dürfen* und *Können* – dazu müssen Haltungen verändert, Verantwortungen übertragen und Fähigkeiten geschult werden.

Baustein III – Kunden

Die möglichen Aktivitäten zu dieser Stellschraube scheinen auf den ersten Blick überschaubar zu sein. Jede Organisation muss ermitteln, welche Erwartungen seitens der Kundschaft bestehen und messen, wie zufrieden diese ist. Doch wer sind Kundinnen und Kunden?

Dieser Begriff wird heute weit gefasst und mit Interessensgruppen oder Stakeholdern bezeichnet. Zunächst einmal sind es Personen, die ein Produkt erwerben oder eine Dienstleistung in Anspruch nehmen (Primäre Kundschaft). Darüber hinaus gibt es weitere Akteure, die von den Aktivitäten einer Organisation betroffen sind. Ein Internetshop greift auf spezifische Bezahlmodalitäten zurück und berührt damit die Interessen der Finanzwirtschaft und des Datenschutzes. Ein Elektrohandel nimmt alte Geräte zurück und führt diese, den gesetzlichen Auflagen entsprechend, der Entsorgungswirtschaft zu. Eine Psychiatrie rechnet mit Krankenkassen ab, berät Angehörige und baut in einer Kommune, um einen staatlichen Versorgungsauftrag zu gewährleisten. Schließlich gehören auch die eigenen Mitarbeitenden zu der Kundengruppe, denn auch diese haben Anliegen an und Erfahrungen mit dem Unternehmen.

Für all diese Gruppen gilt es, die jeweils spezifischen Erwartungen und Zufriedenheiten zu ermitteln. Dabei sollten Schnittstellen zum gegenseitigen Nutzen und auf Augenhöhe gestaltet werden. Kauft man regelmäßig eine Vielzahl belegter Brötchen, sollte man frühzeitig auf die Bäckerei zugehen, um den Service zu erleichtern – beispielsweise durch eine vorherige Bestellung per eMail. Eine reife Organisation und deren Mitglieder haben die Interessengruppen und dazugehörigen Themen ermittelt und befinden sich in einem Dialog zur optimalen Ausgestaltung dieser Schnittstellen. Wenn Mitarbeitende sich ärgern, wenn sie eine Dokumentationsanforderung mit immer gleichen Floskeln zu erfüllen haben, und die Empfänger sich ärgern, wenn sie immer die gleichen Textbausteine lesen müssen, besteht Handlungsbedarf.

Bei dieser Vielzahl von Kundengruppen sollte das Hauptaugenmerk zweifelsohne auf denen liegen, die eine Leistung in Anspruch nehmen oder ein Produkt kaufen. Die Studienlage bezogen auf diese Primärkunden ist eindeutig:

- Nur wenige, die unzufrieden sind, beschweren sich. Die meisten kommen einfach nicht wieder.
- Missfallen verbreitet sich schneller als zufriedenstellende Erfahrungen.
- Die Gewinnung neuer Kundinnen und Kunden ist aufwendiger, als bestehende zu binden.

Daraus leitet sich Verschiedenes ab. Ohne aktiv zu fragen, wissen wir wenig über die Zufriedenheit von Kundengruppen. Dies ist in vielen Branchen gut erkannt und in zahlreichen Umfragen können wir unsere Zufriedenheit ausdrücken. Die Interpretation der Ergebnisse ist allerdings schwierig. Schneidet eine Dienstleistung oder ein Produkt schlecht ab, kann dies verschiedene Gründe haben. Naheliegend ist, dass es an der handwerklichen Ausführung liegt – das Essen ist fad, der Weinverkäufer berät schlecht, die Ärztin behandelt falsch. Hier hilft eine Verbesserung der Arbeitsprozesse. Es kann aber auch sein, dass eine grundlegende Erwartung der Kundschaft nicht erfüllt wurde und somit Versuche, Prozesse zu optimieren, nicht weiterführen. Erwartet ein Kunde Vegetarisches, wird kein Braten helfen, erwartet man eine Weinprobe, hilft keine blumige Beschreibung. Ist ein Patient der sanften Medizin verschrieben, werden konventionelle Behandlungen nicht zufriedenstellen. In diesem Fall sind grundlegende Erwartungshaltungen nicht verstanden und beachtet worden. Autofirmen können sparsame und preiswerte Kleinfahrzeuge herstellen – diese bleiben Ladenhüter, wenn Kunden große Autos wünschen. Erstklassige Seniorenheime sind nicht ausgelastet, wenn Menschen ambulant gepflegt werden wollen. Zeitungsauflagen sinken, wenn Nachrichten *online* gelesen werden. Hier bedarf es keiner Prozessverbesserung, sondern einer Strategieveränderung.

Bezüglich dieser Erwartungen von Kundinnen und Kunden müssen stets *drei* Ebenen in den Blick genommen werden:

1. Trends

Welche wirtschaftlichen, gesellschaftlichen, technischen und politischen Rahmenbedingungen entwickeln sich und welche grundlegenden Veränderungen lassen sich dadurch beobachten? Sind Autos mit Verbrennungsmotoren und Lenkrad zukunftsfähig gegenüber autonom fahrenden, batteriebetriebenen Carsharing-Modellen? Können lokale Bildungseinrichtungen gegen multimediale Internetkurse in 3-D bestehen?

Kurzum: Jedes Unternehmen sollte Strategien entwickeln, um Trends rechtzeitig zu erkennen und deren Bedeutung für die Kundschaft und somit die eigene Arbeitswelt abzuschätzen.

2. Konzepte

Ist ein Trend erkannt, müssen die richtigen Marktmodelle aus ihnen abgeleitet werden. Online-Publikationen oder eine ambulante Pflege lassen sich sehr unterschiedlich gestalten. Sind Publikationen im Internet gebührenpflichtig oder werbefinanziert und werden Leitartikel als Text oder als Video eingestellt? Sind Mehrgenerationenhäuser, Wohngemeinschaften oder smart homes die richtige Antwort auf eine zunehmende Ambulantisierung?

Kurzum: Einem Trend kann man mit vielfältigen Lösungen begegnen. Jede Organisation und jedes Team muss ein passendes Konzept für sich finden.

3. Ausführung

Sind Trends erkannt und marktfähige Konzepte aus Ihnen abgeleitet, stellt sich die Frage nach der handwerklichen Güte und einer gelungenen Umsetzung. Ist ein Bankangestellter höflich und kann alle Produkte mit ihren Vor- und Nachteilen angemessen erklären?

Kurzum: Die richtigen Strategien und Konzepte kommen nur an, wenn sie handwerklich einwandfrei und auch auf den Kunden passend angeboten werden.

Anmerkung:

Dieser Analyse-Dreisprung – *Trends, Konzepte* und

Ausführung – lässt sich auch auf die Mitarbeitenden selbst als Kundengruppe anwenden. Bezüglich der Personalfindung stellt sich beispielsweise die Frage, was in Zukunft einen attraktiven Arbeitgeber ausmacht? Geht der Trend zu „Familienfreundlichkeit“ und „Entwicklungsperspektiven“, sollte geklärt werden, ob dies Kitaplätze, flexible Arbeitszeiten oder eine materielle Förderung bedeutet. Und meint „Perspektive“ eine differenzierte Karriereleiter oder ein berufsbegleitendes Studium?

Hat man mitarbeitendenrelevante *Trends* wahrgenommen und daraus *Konzepte* abgeleitet, ist abschließend auch hier die Güte der *Ausführung* entscheidend.

Baustein IV – Prozesse

Der Erfolg japanischer Organisationsprinzipien ist der konsequenten Umsetzung des Kaizen-Gedankens und der dazugehörigen Prinzipien und Methoden geschuldet. Dadurch werden die Potentiale der Mitarbeitenden gehoben und eine zielstrebige Verbesserung aller erdenklichen Arbeitsprozesse angestoßen. Wenige Leitgedanken fassen die dazu notwendige Geisteshaltung zusammen:

- Wird optimiert, wie man etwas tut, werden in der Konsequenz die Ergebnisse besser.
- Kein Problem zu haben, ist ein Problem. Denn dies ist ein Zeichen für Diagnoseunfähigkeit und riskanten Stillstand.
- HANSAI gilt als Tugend – also die innere Haltung, eigene Fehler öffentlich zu machen und daraus zu lernen.

- Fehlerursachen werden nie in Personen, sondern in der unvollkommenen Gestaltung des Arbeitsprozesses gesehen.
- Aufgrund ausreichender Handlungsspielräume bei den Prozessausführenden können Verbesserungsideen unmittelbar erprobt werden.
- Streben um Verbesserung ist Bestandteil jeder Stellenanforderung und in der DNA aller Mitarbeitenden verankert.

Für eine solche konsequente Prozessorientierung müssen *vier* Voraussetzungen gegeben sein:

1. Fehlerlernkultur

Mitarbeitende sollten fortwährend Wirkungen von Handlungen hinterfragen und den Reiz verspüren, Verbesserungen zu finden, auszuprobieren und in eine neue Arbeitsroutine zu überführen. Dazu bedarf es einer Kultur, die Ideen und das „öffentlich machen" von Fehlern und Schwächen – als ergiebige Quellen für Verbesserungen – aufrichtig belohnt. HANSAI, die Tugend, aus eigenen Fehlern vorbildhaft zu lernen, ist nicht von vornherein Wesen einer westlichen (Unternehmens-)Kultur. Diskussionen um Fehler sollten nicht mit Schuldzuweisungen und Ursachenerklärungen einhergehen, sondern mit Ideen für verbesserte Arbeitsprozesse. Wenn etwas vergessen, verwechselt oder falsch ausgeführt wurde, sollte der Ablauf so umgestaltet werden, dass das nicht mehr passieren kann. Nicht die Belehrung der Mitarbeitenden, sondern die Gestaltung eines sicheren Prozesses (Poka-Joka-Prinzip) steht im Fokus (*empaclip.de/180*). Im produzierenden und industriellen Bereich sind diese Prinzipien, mithilfe technischer Gestaltungen, gut umzusetzen. Im Dienstleistungsgewerbe scheint dies schwieriger. Aber auch hier sollte diese Logik konsequent angewandt werden. Wird im Krankenhaus das Desinfizieren der Hände versäumt, reicht es nicht aus, die Mitarbeitenden zu ermahnen, sondern man muss die räumlichen Gegebenheiten so gestalten, dass dies nicht mehr so leicht versäumt werden kann. Wird versehentlich ein veraltetes Formular verwendet, sollte sichergestellt werden, dass nur das Aktuelle abgespeichert ist. Neben technischen und räumlichen Gegebenheiten können Checklisten, Softwareanwendungen, Standards oder farbliche Markierungen viele Fehler und Versäumnisse verhindern. Zudem bieten Qualifikation und ein profundes Prozessverständnis Möglichkeiten der Prävention.

2. Erneuerungskompetenz

Der kontinuierliche Verbesserungsprozess fokussiert auf die stetige Verbesserung des Bestehenden – dieses Prinzip wird durch den PDCA-Zyklus ausgedrückt. Regelmäßig muss jedoch auch der ganze Prozess auf seine Angemessenheit überprüft werden. Lehrerinnen und Lehrer müssen nicht nur fortwährend daran feilen, ihren ausgearbeiteten Stoff anschaulicher zu vermitteln, sondern in größeren Zeitabständen auch Inhalte verändern und neue Lehrformen ausprobieren. Mit manchen Trends entstehen Umbrüche, die zudem Veränderungen von Denkweisen und Haltungen erfordern. Durch die fortschreitende Digitalisierung wird eine unbefangene Kommunikation mit einem Roboter oder das Anvertrauen an eine autonom agierende Maschine notwendig. Solche Umbrüche verlangen Reformen, und diese können nur erfolgreich implementiert und stabilisiert werden, wenn durch viele kleine Verbesserungsschritte effiziente Routinen erarbeitet werden. Die Kombination aus Innovation und kleinen Verbesserungsschritten sichert den langfristigen Erfolg.

Abbildung 18: Kaizen – Veränderung zum Besseren: Innovationssprünge werden durch kleine, stetige Verbesserungen stabilisiert

Es gibt eine Vielzahl von Werkzeugen, um Veränderungen anzustoßen. Instrumente können Wege ebnen und Mentalitäten befördern, um Ideen und Innovationen den Weg zu bahnen.

Letztendlich ist alles eine Frage der Technik:

- Q 7- Die sieben klassischen Qualitätswerkzeuge
- M 7- Die sieben Managementwerkzeuge
- 3 Verschwendungen: Muda, Muri, Mura
- 3 Anstifter: Kaizen, Hansei und Gemba
- Die 36-Fragetechnik des Problemlösens
- 5 x Warum

Diese sehr einfachen Instrumente sind die Klassiker im Qualitätsmanagement. Sehen Sie dazu die entsprechenden *empaclips* 201 bis 205.

3. Wirksamkeitsprüfung

ZDF steht im Qualitätsmanagement nicht für ein Fernsehprogramm, sondern für Zahlen, Daten, Fakten. Entscheidungen sollen nicht aus dem Bauch heraus, sondern auf Grundlage objektiver Kriterien gefällt werden. Nicht jede Erneuerung muss zu einem besseren Ergebnis führen. Wenn allerdings viel Zeit oder auch Geld investiert wurde, fällt es oft schwer zuzugeben, dass es sich um eine Fehlentwicklung oder Fehlinvestition handelt. Zudem ist bei aufwendigen und langsam wirkenden Maßnahmen eine methodologische Beweisführung hinsichtlich der Wirksamkeit von neuen Arbeitsweisen nicht einfach zu führen.

In dem komplexen Gefüge vieler heutiger Arbeitswelten macht die Unschärfe einer vorab zu formulierenden Zieldefinition es hinterher kaum möglich, den tatsächlichen Erfolg einer Maßnahme zu beurteilen. Wann ist eine Softwareeinführung als erfolgreich zu bewerten? Welche Wirkungen haben neue Arbeitsanweisungen? Rechnen sich teure Schulungen? Deswegen muss im Vorfeld festgelegt werden, welcher Bedarf genau besteht, welche Veränderungen bezogen auf Arbeitsstrukturen und Arbeitsweisen erzielt werden sollen, welche Effekte gewünscht sind und was genau eintreten muss, damit die Veränderungen als erfolgreich bewertet werden können. Eine vorab festgelegte Definition dessen, was als Erfolg zu bewerten ist, hat zudem den Vorteil, dass man dadurch die Wahrscheinlichkeit erhöht, dass der Erfolg tatsächlich eintritt. Wenn man vor einer Weiterbildung im Team diskutiert, wann diese als erfolgreich zu bewerten wäre, führt dies zu einer Sensibilisierung für die Umsetzung der Schulungsinhalte.

Stellt sich eine Weiterbildung als wirkungslos heraus, kann das verschiedene Gründe haben. Entweder war die Weiterbildung handwerklich schlecht durchgeführt oder das ganze Konzept der Weiterbildung hinsichtlich der Form oder der angebrachten Beispiele war nicht passend oder das Thema der Weiterbildung wurde falsch ausgewählt. Hinsichtlich jeglicher Wirksamkeitsprüfung stellen sich damit zwei grundlegende Fragen. Zum einen, ob die Aktivitäten tatsächlich den Bedarf treffen. Kann also über eine Erneuerung tatsächlich die intendierte Wirkung erreicht werden? Und zum anderen, ob die Erneuerung „handwerklich" gut durchgeführt wird.

4. Prozesssicherung

Mit der Einführung eines Qualitätsmanagements verbinden viele Mitarbeitende erhöhte Dokumentationsanforderungen und die Anfertigung von Prozessbeschreibungen.

Auch hier gilt: Prozessbeschreibungen sind kein Selbstzweck. Man benötigt sie, damit (neu) erprobte Abläufe eingehalten und nicht in althergebrachte Routinen zurückgefallen wird – ähnlich einem Karren, den man bergauf schiebt und bei dem nach jedem Fortschritt einen Keil hinter die Räder klemmt, um ein Zurückrollen zu verhindern.

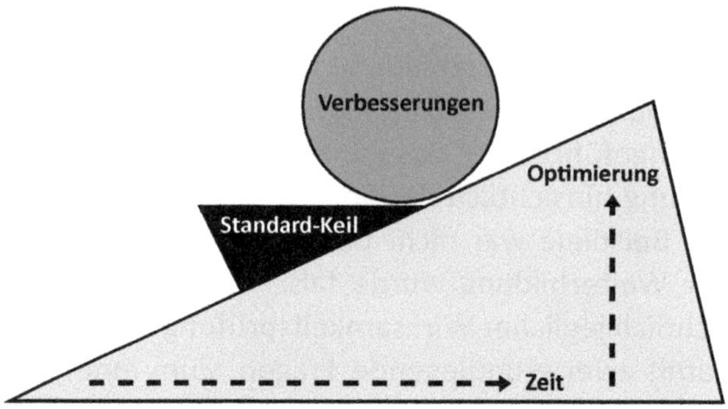

Abbildung 19: Ohne einen festgelegten Standard (Prozessbeschreibung) verpuffen Verbesserungsideen mit der Zeit

Die Abteilungsleiterin muss sich erinnern, was sie beim nächsten Bewerbungsgespräch verbessern wollte, und sollte andere an ihren Ideen teilhaben lassen. Um die mühsame Organisation einer Tagung zukünftig zu vereinfachen, müssen die als besser erkannten Vorgehensweisen fixiert werden – sei es als Merkzettel, Checkliste, Flussdiagramm, Fließtext, Audiodatei oder als *empaclip*. Je leichter anzufertigen und desto einfacher der Zugriff, umso besser ist es.

Prozessbeschreibungen sind Zeitverschwendung, wenn diese nicht genutzt werden. Die Art der Prozessbeschreibung sollte ebenfalls einem kontinuierlichen Verbesserungsprozess unterworfen sein. Beschreibungen sollten schnell zu erstellen und einfach zu verstehen sein. Viele Prozessbeschreibungen sind überfrachtet, da sie vom Prozessverantwortlichen bis zu allen juristischen Eventualitäten alles beschreiben wollen. Eine solche Dokumentation mag für die Ablage Sinn machen, aber nicht als Gedankenstütze, um die richtige Ausführung von täglichen Prozessen sicherzustellen. Eine Prozessbeschreibung muss so platziert werden, dass man sie bei der Ausführung sofort benutzen kann. Grafische Darstellungen und andere Formen multimedialer Darstellung sind schriftlichen Beschreibungen stets vorzuziehen.

Abschließende Bemerkungen

➢ Die Prinzipien eines Qualitätsmanagements können nur umgesetzt werden, wenn alle Mitarbeitende diese verinnerlicht haben. Dem steht oftmals entgegen, dass Qualitätsmanagement als ein Zusatz zum „normalen" Management gesehen wird. Dies drückt sich durch Strukturen wie die Stelle eines QM-Beauftragten aus. Qualitätsmanagement bietet Instrumente für jeden Mitarbeitenden und unterstützt damit das strategische, normative und operative Management auf allen Ebenen.

➢ Qualitätsmanagement ist misslungen, wenn Mitarbeitende mehr Zeit für Dokumentation und andere Unterstützungsprozesse aufbringen als vorher. Der Erfolg eines Qualitätsmanagements bemisst sich daran, dass man mehr Ressourcen für die wertschöpfenden Kernprozesse gewinnt.

➢ Arbeitsprozesse sollen durch ihre Gestaltung intuitiv richtig ausgeführt werden und nicht durch vielfältige Unterweisungen der Mitarbeitenden. Viele detaillierte Verfahrensanweisungen sind ein Zeichen verfehlter Umsetzung von Qualitätsgedanken.

➢ Die Übertragung in eine Industrienorm (DIN) und die daran ausgerichtete Zertifizierung verleitet dazu, vieles formal, bürokratisch und hinsichtlich der Erfüllung einer vorgegebenen Norm denn im Hinblick auf die Verbesserung der Arbeitswelt umzusetzen. Aber ein formloses, gelebtes Kaizen bewirkt mehr als mannigfaltige Einzelaktivitäten zur Erfüllung eines Normenkataloges, nur um zertifiziert zu werden.

➢ Qualitätsmanagement erfordert schlanke Strukturen mit einer Delegation von Verantwortung und Handlungsspielräumen an die Mitarbeitenden. Beispielhaft ist hier der niederländische Pflegedienstleister „Buurtzorg“ mit 10.000 Beschäftigten in 850 Pflegeteams. Jedes Team ist für etwa 50 Klientinnen und Klienten zuständig. Diese Teams organisieren und optimieren sich selbstständig. Im ganzen Unternehmen arbeiten lediglich 50 Administrativkräfte, die Verwaltungsaufgaben übernehmen. Diese Organisationsform kommt ohne ein mittleres Management und die damit verbundenen Hierarchieebenen aus. Buurtzorg hat 8 Prozent Overhead-Kosten anstatt der üblichen 25 Prozent. Die eingesparten Kosten kommen dem Kernprozess, also der Pflege, zugute. Demzufolge ist auch die Qualität laut allen Untersuchungen besser als bei vergleichbaren Anbietern. Buurtzorg ist zudem mehrfach als beliebtester Arbeitgeber ausgezeichnet worden und gilt als sehr innovativ.

➢ Insbesondere in der (sozialen) Dienstleistung ist die Übertragung einer aus der Industrie erwachsenen Idee knifflig. Die Gefahr ist etwa, dass von außen vorgegebene Normen individuelle Motivationen verringern. Die besondere Fürsorge für Klientinnen und Klienten sollte sich sicherlich aus einer inneren Haltung speisen und nicht aufgrund einer vorgegebenen ISO-Norm zur Kundenorientierung.

10

Psychische Belastungen oder wieso viel Arbeit keinen Stress macht

Arbeit steht heute im Verdacht, psychische und stressbedingte Erkrankungen auszulösen. Als Beispiel sei das Burnout-Syndrom genannt – eine Überlastungsreaktion aufgrund von chronisch-stressreichen Anforderungen am Arbeitsplatz. Bei näherer Betrachtung ergeben sich hier jedoch überraschende Einsichten. Und bei aller Sorge um die Psyche – Erkrankungen des Muskel- oder Skelettsystems sowie Infektionen stellen nach wie vor ein höheres Risiko dar.

Ein Team um James Gross von der Stanford University veröffentlichte 2012 eine viel beachtete Studie. Es analysierte Stresshormone im Blut von Führungskräften. Das Ergebnis zeigte, dass die Stresswerte umso geringer ausfallen, je höher eine Person in einer Hierarchie steht. In den Vorständen fanden sich die niedrigsten Hormonlevel. Hierfür sind nicht Selektionseffekte verantwortlich – also, dass nur unempfindliche Menschen aufsteigen – sondern Führungspositionen scheinen per se mit weniger Stress einherzugehen [‹›].

Stressfreie Führungskräfte

Sherman, G. D., Gross, J. J. et al. (2012). Leadership is associated with lower levels of stress. PNAS, 109, 44, 17903–17907

Solche Resultate sind weder neu noch verwunderlich. Die jährlichen Gesundheitsberichte der Krankenkassen zeigen, dass Mitarbeitende an der Basis häufiger als in den Führungsebenen an stressbedingten Erkrankungen leiden. Die Ergebnisse reihen sich in eine Vielzahl von Befunden ein und passen zu den gängigen Stresstheorien.

Entgegen dem öffentlichen Bild ist Stress keine „Managerkrankheit“. Weder lange Arbeitszeiten noch eine hohe Arbeitsdichte eignen sich als Gradmesser für psychische Belastung. Das wird verständlicher, wenn man sich die sozialen und biologischen Mechanismen von Stress vergegenwärtigt.

Unsere körperlichen und psychischen Stressreaktionen sind sogenannte Kampf- oder Fluchtmechanismen. Dieser Ausdruck ist etwas martialisch. Tatsächlich reagiert unser Körper fein abgestimmt auf vermutete oder tatsächliche Bedrohungen mit einer Aktivierung von zweckmäßigen Ressourcen. Muss es schnell gehen, macht das freigeschossene Adrenalin uns augenblicklich wach und reaktionsschnell. Entwickelt sich ein Bedrohungspotential träge, ist auch die Ausschüttung träge. Unbewusst antizipieren wir Situationen und regulieren unsere Stresshormone so, dass wir geistig und körperlich adäquat leistungsfähig sind. Dies ist eine begrüßenswerte Reaktion. Das Ganze hat nur einen Haken.

Der moderne Mensch wandelt als Homo sapiens sapiens seit etwa 200.000 Jahren durch die Welt. Ohne die Ausschüttung von Stresshormonen hätten unsere Vorfahren weder die Migration aus Ostafrika noch vielfältige Gefahren, geschweige denn die Jagd gemeistert. Wieso gelten Hormone, die unseren Vorfahren so hilfreich waren, nun als Übel des modernen Menschen?

Aus verhaltensbiologischer Perspektive lassen sich Stressreaktionen gut veranschaulichen. Beispielsweise fördert Angst und Nervosität den Ausscheidungsdrang. Dies ist im Falle einer möglichen Flucht nützlich – entleert läuft man schneller. Die Hormonausschüttung sorgt zudem für eine vermehrte Durchblutung und damit Sauerstoffversorgung des Gehirns, Herzens und der peripheren Muskulatur. Dies steigert die Konzentration, Körperkraft und Ausdauer. Eine Veränderung der Blutzirkulation geht allerdings zu Lasten anderer Aufgaben wie der Verdauung – wird mehr Blut ins Gehirn und die Muskulatur gepumpt, bleibt weniger für den Rest. Ebenso verändert Stress die Immunabwehr. Denn bei äußerer Gefahr ist die Bekämpfung innerer Erreger hinderlich. Es nützt nichts, fiebernd und matt Grippeviren in Schach zu halten, wenn man zeitgleich von Löwen verspeist wird. Manche mögen das Phänomen kennen, sich nach einer hohen beruflichen Belastung in den ersten Urlaubstagen kränklich zu fühlen. Aufgrund einer stressbedingten schwachen Abwehr konnten sich Erreger munter vermehren. Wieder stressfrei, setzt eine verspätete, aber vehemente Immunreaktion ein. Müdigkeit, Mattheit und Fieber sind die Folge. Die erhöhte Temperatur hilft der Proliferation, also Vermehrungsrate der Immunzellen, und durch müdes Dösen spart der Körper Energie.

Unser Organismus ist unentwegt beschäftigt. Essen wird verdaut, Pläne ersonnen und Viren abgewehrt. Unter Stress werden die Routinen unterbrochen und wir richten uns auf aktuelle, äußere Bedrohungen ein. Diese Umstellung stellt, selbst wenn sie mehrfach am Tage geschieht, kein Gesundheitsrisiko dar. In Phasen von Dauerstress, wenn unser Blutdruck anhaltend erhöht und die Verdauung, das Immunsystem und andere Funktionen länger auf „Sparflamme" laufen, ändert sich das jedoch.

Psychologinnen und Psychologen kennen aus ihrem Studium die possierlichen Tupajas – südostasiatische Spitzhörnchen, deren Männchen äußerst territorial veranlagt sind. Bei Begegnungen entflammt ein heftiger Kampf um die Rangordnung und der Verlierer nimmt Reißaus. Besteht in Gefangenschaft keine Möglichkeit zur Flucht, gerät das unterlegene Männchen in Dauerstress, selbst wenn nur Riech- oder Sichtkontakt besteht. Die Folgen sind Apathie, Appetitlosigkeit und nachlassende Körperpflege. Schließlich werden die unterlegenen Tiere anfällig für virale und bakterielle Erkrankungen und verenden. Der Mensch ist zum Glück komplexer gestrickt, aber die Ähnlichkeit zu depressiven Episoden ist eklatant – und tatsächlich verbessert sich die Situation der niedergeschlagenen Tupajas, wenn man ihnen Antidepressiva verabreicht [‹›].

Gestresste Tupajas

Autrum, H. & von Holst, D. (1968). Sozialer „Stress" bei Tupajas und seine Wirkung auf Wachstum, Körpergewicht und Fortpflanzung. Zeitschrift für vergleichende Physiologie, 58, 4, 347-355

Van Kampen, M., Kramer, M., Hiemke, C., Flu, G. & Fuchs, E. (2002). The Chronic Psychosocial Stress Paradigm in Male Tree Shrews: Evaluation of a Novel Animal Model for Depressive Disorders. Stress, 5, 1, pp. 37-46

Menschen haben den Vorteil, vererbten Verhaltensmustern nicht wehrlos ausgeliefert zu sein, da sie kreative Lösungen ersinnen können. Aber die menschliche Gedankenwelt kann nicht nur Stresssituationen auflösen, sondern diese auch erst erzeugen.

Dazu ein gedankliches Experiment:

An einem warmen Frühlingstag wollen Sie im Garten ausspannen. Im Nachbargarten ist leider ein Kindergeburtstag mit vergnügt lärmenden Kindern. Plötzlich verstummt schlagartig der Krach und nur noch leises Vogelgezwitscher liegt in der Luft. Erleichtert versinken Sie in Ihrem Liegestuhl und dämmern entspannt dahin. Die Eltern in der Nachbarküche hatten, solange die Kinder im Garten spielten, das Essen vorbereitet. Das Kindergeschrei im Hintergrund zeigte beruhigend, dass die Kleinen sich prächtig amüsieren. Die unvermittelte Ruhe erleben die Eltern anders. Mit erhöhtem Blutdruck rennen sie hinaus, um zu sehen, ob die Stille etwas Unheilvolles bedeutet.

Das gleiche physikalische Lärmgeschehen kann Stress auslösen oder diesen vermindern.

Heute bedrohen uns nicht wilde Tiere, sondern vermutete Zusammenhänge in unserer Lebens- oder Arbeitswelt. Diese sind abstrakter Natur und stellen in der Regel keine konkrete Lebensgefahr dar. Bei einem Schachspiel oder Bewerbungsgespräch ist die Ausschüttung von Stresshormonen den Bedeutungen geschuldet, die man der Situation, den Figuren und deren Konstellationen beimisst. Aus den Zahlen 40 und 60 ergibt sich in Abhängigkeit von ihrer gedachten Beziehung 100, -20, 2.400, 1.5, 0.6 oder 40^{60}. Eine Fluglotsin überwacht wandernde Punkte auf ihrem Bildschirm. Ihr Stresspotential rührt daher, dass sie weiß, dass die Punkte Flugzeuge, in denen sich Menschen befinden, repräsentieren. Wird eine Gefahrensituation – also die ungeplante Annäherung zweier Flugobjekte – von der Lotsin nicht erkannt, stellt es für sie auch keine Belastung dar.

Der Mensch braucht für sein Stresserleben keine unmittelbare Gefahr. Wir können nachts im warmen Bett liegen, den gefüllten Kühlschrank in Reichweite, und trotzdem haben wir einen erhöhten Blutdruck und Stresshormone im Blut. Es reicht, dass man in nächtlichen Gedanken ein unangenehmes Kundengespräch durchgeht, darüber grübelt, ob man Medikamente richtig gestellt hat oder dass man sich ungerecht behandelt fühlt.

Sind wir in misslichen Gedanken verfangen, schütten wir unaufhörlich Stresshormone aus und unser Risiko für Magen-Darm-Beschwerden, Bluthochdruck und bakteriell oder viral bedingte Erkrankungen steigt. Haben wir eine Führungskraft oder Arbeitsaufgabe, die uns bis in unsere Freizeit verunsichert, ergeht es uns wie dem armen Tupaja, der nicht fliehen kann.

Nicht eine hohe Arbeitsdichte führt zu Stress, sondern ein Gefühl von Frustration, Beunruhigung und Hilflosigkeit. Bezogen auf die eingangs zitierten Forschungsergebnisse: Führungskräfte mögen viel arbeiten, aber in der Regel erleben sie ihre Arbeit als befriedigend, sinnvoll und förderlich und schlafen daher furchtlos und zufrieden ein.

Belastungen und Beanspruchungen

Im Arbeitsschutz wird zwischen den äußeren Belastungen (Stressoren), die auf den Menschen einwirken, und den Beanspruchungen (Stressreaktionen), die im Menschen wirken, unterschieden. Wie weit sich körperliche und psychische Beanspruchungen in Reaktion auf Belastungen zeigen, hängt von persönlichen Wahrnehmungen und Bewertungen der Arbeitsumstände ab. Aus wissenschaftlicher Sicht lassen sich zwei Situationen mit hohem Beanspruchungspotential beschreiben. Wir schütten vermehrt Stresshormone aus,

Zwei Bewertungen sind für das Stresserleben entscheidend: Wie bedrohlich erscheint etwas und wie groß sind die Bewältigungsmöglichkeiten?

Lazarus, R. S. (1999). Stress and Emotion. A new Synthesis. Free Association Books, London

wenn wir Aufgaben als bedeutend empfinden und gleichzeitig nur geringe Möglichkeiten sehen, diese erfolgreich zu bewältigen, weil wir beispielsweise nicht über genügend Zeit oder Wissen verfügen. Entscheidend sind hier unsere Bewertungen und individuellen Befürchtungen [‹›].

Gratifikationskrise – wenn eigene Anstrengungen sich nicht lohnen

Siegrist, J. (2015). Arbeitswelt und stressbedingte Erkrankungen. Forschungsevidenz und präventive Maßnahmen. Urban & Fischer Verlag, München

wenn wir den Eindruck haben, dass sich unsere Anstrengungen nicht lohnen, da Arbeitsergebnisse, Sinnhaftigkeit, Wertschätzung, Gehalt oder berufliche Perspektive in einem andauernden Missverhältnis zu unseren Mühen stehen. Hält diese Frustration an, „rutschen" wir in einen Zustand der Resignation ab. Auch hier ist das persönliche Empfinden entscheidend. In den Wissenschaften ist dies als Gratifikationskrise benannt [‹›].

Die Zunahme von Burnout-Fällen lässt vermuten, dass viele Menschen unter solchen stressreichen beruflichen Situationen leiden.

Hier besteht allerdings ein augenfälliges Problem: Keiner weiß, wie viele Fälle es wirklich gibt. Burnout ist kein Krankheitsbild, sondern Teil einer Zusatzdiagnose, die wiederum aus neun Unterpunkten besteht – und nicht alle beschreiben Burnout. Der im Gesundheitssystem benutzte „Schlüssel" gibt keine zuverlässige Auskunft über ihre Häufigkeit. In den Medien zitierte Zahlen, laut denen etwa zehn Prozent der Bevölkerung „ausgebrannt" sein sollen, beruhen auf Umfragen wie "ich fühle mich wie ausgebrannt; ich habe das Gefühl, irgendwann umzukippen" und nicht auf klinischen Diagnosen.

Wie ist nun das Burnout-Syndrom einzuordnen?

Ein Blick in die Geschichte zeigt, dass erstmals Herbert Freudenberger, ein deutsch-amerikanischer Psychologe, der sich ehrenamtlich um Drogenabhängige kümmerte, dieses Syndrom beschrieb. Und zwar aufgrund einer Beobachtung an sich selbst. Er veröffentlichte seinen folgereichen Artikel 1974 nicht in einer medizinischen, sondern in einer sozialwissenschaftlichen Fachzeitschrift [‹›]. Er wollte weniger ein Krankheitsbild, als vielmehr seine Selbstbeobachtungen bezüglich der Folgen einer beruflichen Verausgabung beschreiben. Diese gingen nicht nur mit typischen Stresssymptomen, sondern auch mit Einstellungs- und Verhaltensänderungen einher: Kälte und Zynismus gegenüber den Klientinnen und Klienten und schließlich Verstimmungen, Lustlosigkeit und Frustration. Bereits damals wurde angemerkt, dass Freudenberger die Symptome einer depressiven Episode schilderte und somit wahrlich kein neues Phänomen.

Die Geburt des Syndroms: „Burnout"

Freudenberger, H. J. (1974). Staff Burn-out. Journal of Social Issues, 30, 159–165

Vielleicht wäre sein Artikel in Vergessenheit geraten, wenn ihn nicht die Amerikanerinnen Christina Maslach und Susan Jackson aufgegriffen hätten. Sie entwickelten 1981 einen Fragebogen, mit dem sie die von Freudenberger beschriebene Kombination aus Erschöpfung, Frustration und emotionaler

Kälte messbar machten. Auch wenn das Burnout-Syndrom anfangs nur mit sozialen Berufen assoziiert wurde, ergaben Messungen mit diesem Instrument eine Betroffenheitsrate quer durch alle Berufsgruppen von bis zu 20 Prozent. Schließlich wurde Burnout 1992 als ein Unterpunkt der Zusatzdiagnose 73 in den ICD 10 aufgenommen [‹›].

Diagnose „Burnout"

Burnout wird im Klassifikationssystem der Weltgesundheitsorganisation (ICD) als nicht näher definierte Zusatzkodierung aufgeführt (ICD-10 Z 73.0): „Probleme verbunden mit Schwierigkeiten bei der Lebensbewältigung". Es handelt sich hierbei um kein eigens Krankheitsbild.

Auch nach jahrelanger Forschung wird dieses Syndrom nicht als eigenständiges Krankheitsbild betrachtet. Insbesondere die Abgrenzung zur Depression ist problematisch. Während beim Burnout die Erschöpfung im Vordergrund steht und infolgedessen Menschen niedergeschlagen sind, ist es bei der Depression umgekehrt. Anhaltende Melancholie führt zu einem Erschöpfungszustand. Beides geht mit körperlichen Symptomen einher, die in Verbindung mit der Ausschüttung von Stresshormonen stehen.

Während aber eine Depression zuverlässig und differenziert diagnostiziert werden kann, ist dies für Burnout nicht der Fall. Es gibt keinen kritischen Grenzwert bezüglich der Anzahl oder Qualität von Symptomen oder eine Unterscheidung in milde, mittlere und starke Formen. Diese diagnostische Unschärfe deckt sich mit der sprachlichen in der öffentlichen Diskussion.

In einem Positionspapier der Deutschen Gesellschaft für Psychiatrie, Psychotherapie und Nervenheilkunde wird folgende Abgrenzung zwischen Stress, Burnout und Depression vorgeschlagen: Arbeitsstress kann zu einer ernsthaften Erschöpfung führen, die man als Burnout bezeichnet. Dieser Erschöpfungszustand löst sich durch Erholungsphasen wieder auf. Kommt es zu keiner solchen Erholungsphase und hält eine bedrohliche und als misslich erlebte (Arbeits-)Situation länger an, kann eine Resignation und Depression entstehen [‹›]. Dieser Zustand ist durch Erholung nicht wieder aufzulösen – mehr noch: Die Aufforderung zur Ruhe mit langen Schlafphasen und erholsamem Müßiggang wäre lebensbedrohlich. Bei depressiven Menschen verstärken lange Schlafphasen und gedankenvoller Müßiggang die Symptomatik und Suizidgefahr.

Stress, Burnout & Depression

Positionspapier der Deutschen Gesellschaft für Psychiatrie, Psychotherapie und Nervenheilkunde (DGPPN) zum Thema Burnout, 2012

Es ist davon auszugehen, dass Menschen, die sich aufgrund eines Burnouts in klinische Behandlung begeben, unter depressiven Verstimmungen leiden. Durch die Diagnose Burnout lässt sich das Stigma der Schwäche, Kränklichkeit und Unfähigkeit, welches der Depression leider anhaftet, umgehen.

Tatsächlicher Anstieg oder Modediagnose?

Unisono berichten alle Gesundheitsreporte einschlägiger Krankenkassen über einen steilen Anstieg psychisch bedingter Arbeitsunfähigkeitstage und der Einnahme verschreibungspflichtiger Antidepressiva. Burnout hat dabei die Arbeitsverhältnisse in den Fokus gerückt. Aktuell stehen zudem die wachsende Reizüberflutung aufgrund digitaler Medien- und Kommunikationsformen in stressvermehrendem Verdacht.

In den Wissenschaften wird ein Fragezeichen sowohl hinter der These einer Zunahme des Krankheitsbildes als auch einer krankmachenden Arbeitswelt und Technik gesetzt. Mehr Diagnosen bedeuten nicht unbedingt mehr Krankheitsfälle. Psychische Erkrankungen könnten lange Zeit als ihre körperlichen Begleiterscheinungen wie etwa Magenbeschwerden oder Herz-Kreislaufprobleme falsch diagnostiziert worden sein.

Kurzum: Es gibt Argumente, die den steilen Anstieg arbeitsbedingter psychischer Erkrankungen infrage stellen:

- Ein Anstieg von Burnout beziehungsweise depressiven Verstimmungen sollte mit einer erhöhten Suizidrate einhergehen. Dies ist jedoch nicht der Fall. Die Anzahl der Suizide hat sich in Deutschland in den letzten 30 Jahren mehr als halbiert. Dies spricht dafür, dass Depressionen und andere psychische Erkrankungen heute akkurater diagnostiziert und behandelt werden.

- Das Burnout-Syndrom fokussiert auf die Arbeitsbedingungen. Wenn Mitarbeitende aufgrund psychischer Erkrankungen ausfallen, muss dies nicht der Arbeit geschuldet sein. Die Ursachen von Depressionen und anderen psychischen Erkrankungen sind vielschichtig, selten wird man diese auf einzelne Faktoren zurückführen können. Kommen zu beruflichen Belastungen private hinzu, addieren sich diese nicht nur auf, sondern die bisher ausgleichenden Ressourcen fallen überdies weg. Verlässt man aufgrund eines Jobs seine Heimat und erleidet nach einiger Zeit wegen beruflicher Überanstrengung ein Burnout, kann dies bei näherer Betrachtung viele Ursachen haben. Der fehlende Familien- und Freundeskreis hat zu langen Arbeitszeiten animiert und dies hat wiederum den Aufbau eines sozialen Netzes erschwert. Einsamkeit ist ein häufiger Grund für depressive Verstimmungen. In einer Stressstudie der Techniker Krankenkasse zeigte sich auch, dass Freizeitverpflichtungen, Ansprüche an sich selbst, private Probleme und der Straßenverkehr als besonders stressreich erlebt werden [‹›].

Stress, Arbeit & Freizeit

Entspann dich, Deutschland. TK-Stressstudie 2016. Eine Studie des Instituts Forsa im Auftrag der TK an 1.200 Personen zum persönlichen Stresslevel.

- Der Anstieg psychischer Erkrankungen wie etwa Burnout wird als Folge hoher Arbeitsbelastung gesehen. Bei näherer Betrachtung hält dies Hypothese nicht stand. Nicht nur bei Führungskräften zeigen sich vergleichsweise niedrige Stresswerte. Studien bei Selbstständigen oder Freischaffenden zeigen, dass die Zufriedenheit mit zunehmender Arbeitszeit und -dichte steigt [‹›]. Es scheint, dass viel Arbeit kein zuverlässiger Prädiktor für Burnout ist.

Arbeitsdichte ist kein Prädiktor bei Stress. Es lassen sich sogar gegenteilige Effekte finden.

Steiner, L. & Schneider, L. (2012). The happy artist? An empirical application of the work-preference model. SOEP-The German Socio-Economic Panel Study at DIW Berlin, 430

- Fehlbeanspruchungen werden rasanten technischen Entwicklungen zugeschrieben, denen die menschliche Psyche nicht mehr folgen könne. Dieser Verdacht ist nicht neu. Als Ende des 19. Jahrhunderts erste Telefone Einzug hielten, glaubten viele, dass diese Form der Fernkommunikation uns nervlich zerrütten werde. Zahlreiche Karikaturen aus dieser Zeit zeigen reizüberflutete Menschen, die an Neurasthenie erkranken. Dieses Syndrom war weit verbreitet – nicht nur Robert Musil oder Franz Kafka litten darunter. Neurasthenie, die heute noch im ICD 10 aufgeführt ist, aber kaum noch diagnostiziert wird, beschreibt einen Zustand der Erschöpfung und Ermüdung, der mit somatischen Beschwerden einhergeht.

Abbildung 20: Karikatur „Neurasthenie" im Rahmen der internationalen elektrotechnischen Ausstellung in Frankfurt 1891

- Viele Veröffentlichungen verweisen auf ein gemeinsames Auftreten von ungünstiger Arbeitskultur und Burnout. Solche Zusammenhänge können aber auch anders interpretiert werden: Nicht die schlechte Kultur verursacht Burnout, sondern dort, wo viele Mitarbeitende depressive Verstimmungen haben – aus welchen Gründen auch immer – fällt die Bewertung der Arbeitssituation schlecht aus. Niedergeschlagene Menschen beurteilen ihre Lebenssituation negativer. Demnach wären nicht belastende Arbeitsbedingungen Ursache der depressiven Verstimmung, sondern vielmehr diese Ursache für die kritischen Bewertungen der Arbeitskultur.

Arbeit ist ein wichtiger Faktor für Gesundheit

Kastner, M., Hagemann, T. & Kliesch, G. (Hrsg.) (2005). Arbeitslosigkeit und Gesundheit – Arbeitsmarktintegrative Gesundheitsförderung. Pabst Science Publishers. Lengerich

- Schließlich ist „in Arbeit zu sein" ein wichtiger Gesundheitsfaktor. In eigenen Untersuchungen zeigten sich ausnehmend hohe Stresswerte bei arbeitssuchenden Menschen [‹›].

Belastungen in modernen (Arbeits-)Welten

Es lassen sich also durchaus Einwände finden, die die Zunahme psychischer Erkrankungen und die Idee einer krankmachenden Arbeitswelt kritisch hinterfragen.

Doch jeglichen Anstieg als Hysterie oder Statistikfehler zurückzuweisen, wäre gewagt. Es gibt durchaus Potentiale für krankmachende Überforderungen und Fehlbelastungen in unserer heutigen Umwelt. Diese liegen jedoch nicht nur in den Anforderungen moderner Arbeitsverhältnisse, sondern in vielerlei Entwicklungen in unserer Lebenswelt.

Lange war in unserer Gesellschaft ein stabiles gesellschaftliches Korsett, gestützt durch konservative Moralvorstellungen, kirchliche und staatliche Autorität und strikte Rollenverteilungen, wirksam. Viele Menschen fühlten sich schuldig und waren es, wenn sie gängigen Vorstellungen aufgrund abweichender Lebensentwürfe, ihrer sexuellen Orientierung oder einer gescheiterten Ehe nicht entsprachen. Eltern, die ihr Kind ungetauft spazieren führten, wurden mit strafenden Blicken bedacht. Bis 1977 mussten Ehefrauen um Erlaubnis bitten, wenn sie anstatt der gesetzlich festgelegten Haushaltsführung einer Erwerbsarbeit nachgehen wollten. Bei Scheidungen galt das Schuldprinzip, und Homosexualität wurde (im Westen) bis 1994 strafrechtlich verfolgt [‹›]. Menschen hatten vielerlei Gelegenheiten nicht den Vorstellungen der Gesellschaft zu genügen. Abweichenden Wegen wurden mit Ausschluss, Verachtung und Strafen begegnet. Das Hadern mit gesellschaftlichen Erwartungen und Schuldgefühle waren zentrales Thema vieler psychischer Krisen.

Ost- und Westdeutschland

In Ostdeutschland waren Frauen früher gesetzlich bessergestellt. Aber hier kamen zu den gesellschaftlichen Zwängen noch die repressiven Verhältnisse eines überwachenden Staates hinzu.

Homosexualität in Deutschland

1992 ergab eine kleine Anfrage an die Bundesregierung, dass 1990 auf dem Gebiet der alten Bundesrepublik in 125 Verfahren 96 Personen wegen ihrer Homosexualität verurteilt wurden, zehn Männer saßen deswegen in Haft.

www.bpb.de/politik/hintergrund-aktuell/180263/1994-homosexualitaet-nicht-mehr-strafbar

Ende der 1960er-Jahre begannen die strikten gesellschaftlichen Vorgaben langsam aufzubrechen. Persönliche Freiheit und Selbstverwirklichung rückten in den Vordergrund. In der Folge hat – und seit 1989 gleichermaßen in Ost wie West – eine anhaltende, tiefgreifende Individualisierung eingesetzt, durch die viele Einengungen aufgehoben wurden. An die Stelle von Verboten, Geboten und Restriktionen traten nun Projekte, Initiative und Motivation. Ost und West wuchsen zu einer gemeinsamen Leistungsgesellschaft zusammen.

Mit den Handlungsspielräumen wächst die Verantwortlichkeit für das eigene Leben. Viele Festlegungen, Grenzen und Orientierungen weichen auf und müssen nun individuell bestimmt werden. Lange an den Geburtsort gekoppelt, wird Heimat heute in Abhängigkeit von Lebensstil, Lebenspartner und Beruf gewählt. Die Telefonanmeldung beim Monopolisten Post erforderte einst eine Entscheidung: Grün, orange oder weiß? Jetzt kann man nicht nur die Farbe des Telefons wählen, sondern zwischen Geräten, Anbietern und Tarifen. In der Folge erntet man nun für eine hohe Telefonrechnung kein solidarisches Aufmuntern mehr, sondern Spott, da man den falschen Tarif selbst gewählt hat.

In der heutigen Gesellschaft ist die Maxime: „entscheide und gestalte dein Leben individuell, vorteilhaft und aufregend" – und lass deine Umwelt live daran teilhaben. Und die Angebote dafür erweitern sich rasant. So sehr man sich auch bemüht, Anschluss zu halten und nichts zu verpassen, stets gibt es neue Konsumgüter, Reiseziele, Trends, Vergnügungen, berufliche Chancen, die auf einen warten. Somit öffnet sich die gefühlte Schere zwischen dem, was man schon „geschafft" hat, und dem, was man noch tun könnte, immer weiter.

Hinsichtlich dieser gefühlten Hast ist man in einer Merkwürdigkeit verfangen. Trotz einer enormen Vereinfachung vieler Abläufe „schrumpft" unsere Zeit. Einen Brief elektronisch mit dem PC, anstatt per Schreibmaschine und Post zu versenden, ist äußerst effizient. Aber man nutzt den Zeitgewinn lediglich für mehr des Gleichen, man verursacht also einfach mehr Korrespondenz. Dieses Verhaltensmuster, man spricht auch hier von Rebound-Effekten, zieht sich durch die menschliche Zivilisation. Trotz diverser Vereinfachungen und Zeitgewinne im Haushalt, beim Reisen, beim Transport oder in der Datenverarbeitung bleibt uns immer weniger Zeit. Denn es wird mehr gewaschen, verreist, versendet und verarbeitet [‹›].

Rebound-Effekte: Trotz immenser „Zeiteinsparungen" haben wir immer weniger Zeit.

Kluge, A. (1985). Der Angriff der Gegenwart auf die übrige Zeit. Das Drehbuch zum Film, Marburg

Herrmann, A. (2009). Grundlagen einer integrativen Zeittheorie. Verlag Westfälisches Dampfboot, Münster

Rosa, H. (2013). Beschleunigung und Entfremdung – Entwurf einer kritischen Theorie spätmoderner Zeitlichkeit, Suhrkamp Verlag, Berlin

Und da man heute weder in die Fußstapfen der Eltern tritt noch restriktiven Vorgaben folgt, sind nun beherzte Entscheidungen notwendige Voraussetzungen eines gelungenen Lebens. Keine gesellschaftliche Enge und kein repressiver Staat können mehr für ein „verpatztes Leben" verantwortlich gemacht werden. Und die Herausforderung, das eigene Schicksal in die Hand zu nehmen, tritt schon an Schülerinnen und Schüler heran. Sie selbst stellen die Weichen in ein stigmatisierendes schulisches Scheitern oder den gymnasialen Erfolg. Die Berufswahl wird zum entscheidenden Identitätsmerkmal. Denn hinter einer Bankausbildung vermutet keiner mehr gesellschaftliche Konformität, sondern persönliche Motive.

Allerdings sind die Folgen vieler Entscheidungen unabsehbar. Es gibt zurzeit etwa 18.000 Studiengänge und eine Vielzahl spezialisierter Berufswege, welche von ihnen zukunftsfähig sind, ist schwer vorherzusehen.

Gleiches gilt für die nun geforderten Entscheidungen zur privaten Rentenvorsorge. Keiner weiß, ob sich „riestern" lohnt, Aktien rentabel sind oder Immobilienblasen nicht zerplatzen. Und durch technische Erfindungen drängen sich immer mehr schwer zu beantwortende Fragen auf: Wie umgehen mit genmanipulierter Nahrung, medizinischen Zusatzleistungen, Daten im Internet, pränataler Diagnostik, Pflegerobotern, Plastikmüll oder der globalen Erwärmung?

Ist die Digitalisierung eine technische Revolution?

1965 veröffentlichte Gordon Moore einen Artikel, der in die Geschichte einging. In diesem stellte er die gewagte Hypothese auf, dass es alle ein bis zwei Jahre gelingen sollte, doppelt so viele Bauteile in einen Chip zu „stopfen". Er sollte bis heute recht behalten. Um sich die Dynamik einer exponentiellen Entwicklung vor Augen zu halten, ist die Legende bezüglich der Erfindung des Schachbrettes erhellend. Der Erfinder erbat sich vom damaligen Herrscher ein Reiskorn als Lohn, das allerdings mit jedem Feld des Schachbrettes verdoppelt werden sollte. Der Herrscher, erfreut von der Bescheidenheit des Erfinders, sagte ihm diese Belohnung sofort zu. Etwa angekommen bei der Hälfte des Brettes, dem 32. Feld, dürfte dem Herrscher das Lachen vergangen sein. Nach 64 Feldern ist man bei der unglaublichen Zahl von 18,4 Trillionen Reiskörnern. Diese würden ausreichen, um eine Milliarde Menschen 3.000 Jahre lang ausreichend mit Kalorien zu versorgen.

Moore, G. (1965). Cramming More Components onto Integrated Circuits. Electronics, 114–117, April 19

Ebenso sehr fordert die zunehmende Digitalisierung unsere Psyche, da sie gewohnte Lebenswelten ändert und neue Anpassungsstrategien erfordert. Diese Entwicklung steht vermutlich erst am Anfang. Denn vieles entfaltet oft erst verzögert seine volle Wucht [‹›]. Erinnert sei an das Jahr 2000, in dem die sogenannte Dotcom-Blase platzte. Nach anfänglicher Euphorie galt das Internet als übertriebener Hype. Niemand glaubte letztendlich, dass sich Reisen, Bücher oder Schuhe online verkaufen lassen würden. Aus heutiger Sicht hat man die Wirkung des World Wide Webs unterschätzt. Noch 2010 galt das autonome Fahren als ferne Fiktion. Heutige Neufahrzeuge bleiben selbstständig in der Spur, halten Abstand und parken selbstständig ein. Bald werden menschgesteuerte Vehikel Geschichte sein, denn kein Unternehmen wird unfallträchtige Fahrerinnen und Fahrer zu bezahlbaren Konditionen versichern. Waren fehlerfreie Spracherkennungen und Echtzeitübersetzungen lange Utopie, werden diese nun Alltag. Die oft erwähnten „intelligenten" Kühlschränke werden nicht nur Lebensmittel ordern, sie werden dies auch aufgrund von Verbrauchswerten und in Abstimmung mit den

Terminkalendern der Familienmitglieder tun. Auch hier werden wirtschaftliche und ökologische Gründe, Ressourcen optimal zu nutzen, treibend wirken.

Und die Digitalisierung geht mit einer fließenden, alles umgreifenden Arbeitswelt einher. Jegliche Ineffizienz und Verschwendung werden durch die Optimierung von Arbeitsprozessen und den verbindenden Nahtstellen eliminiert. Automatisierte Systeme arbeiten präzise und schnell – dieser Taktung liefern wir uns aus. Unser Leistungsvermögen wirkt in diesem Gefüge limitierend. Roboter, die Arbeitsprozesse übernehmen, tun dies unermüdlich in ihrer programmierten Präzision. Daten und Informationen werden heute in rasender Geschwindigkeit verarbeitet. Maschinen rechnen in Attosekunden, also einem Milliardstel von einer Milliardstel Sekunde. Wir Menschen können hingegen nur in einer Spanne von dreißig Millisekunden Ereignisse diskret wahrnehmen und verarbeiten. Alles Analoge wird in 1/0 kodiert und ist sofort verfüg- und unendlich kopierbar. Fehlende Verbrauchsgüter werden ohne Verzögerung „nachgedruckt". Berufliche Terminanfragen kommen am Urlaubsort an und Rückmeldungen auf Anfragen erfolgen prompt. Weder Wartezeiten noch räumliche Distanzen geben noch die Möglichkeit, innezuhalten. Hatte bis Ende des 19. Jahrhunderts jeder Ort seine eigene Zeitzone, ausgerichtet am jeweiligen Sonnenstand, nimmt das heutige Geschehen keine Rücksicht auf die menschliche Chronobiologie. Ein evolutionärer Ausdruck der Anpassung des Menschen an den 24-Stunden-Zyklus weicht zugunsten eines globalisierten, vernetzten Zeitkonzeptes, in der das Sonnenlicht keine Rolle mehr spielt. Steigende Anforderungen – von der basalen Datenverarbeitung (Bytes pro Sekunde) bis hin zum le-

Der digitale Abbau von analogen Puffern

Vor der digitalen Fotographie hatte eine Journalistin mit einer Filmrolle aus einem Krisengebiet einen entscheidenden Vorsprung. Heute sind alle Informationen und Bilder sofort weltweit verfüg- und kopierbar, sobald sie ins Netz gestellt werden.

bensbegleitenden Veränderungsdruck – sind das Resultat. Denn viele Erfahrungen und Informationen sind schnell überholt und niemand weiß so recht, welchen Qualifizierungsbedarf die Zukunft bringt. Die von uns als Gegenwart empfundene Zeit schrumpft auf einen kurzen Augenblick zusammen. Um für Zukünftiges gewappnet zu sein, darf man niemals ruhen.

Automatisierung fördert die Gesundheit

Sim, K., L., Curatola, A., P. & Banerjee, A. (2015). Lean Production Systems and Worker Satisfaction: A Field Study. Advances in Business Research, 6, S. 79-100

Aber auch hier gilt, nicht die Veränderung selbst, sondern der Umgang mit dieser ist entscheidend. Studien zeigen etwa, dass Automatisierungsprozesse bei einer partizipativen Umsetzung nicht Ängste fördern, sondern das Wohlbefinden und den Gesundheitsstatus der Mitarbeitenden [‹›].

Fragmentierte Arbeit

Mark, G, Gonzalez, V. M. & Harris, J. (2005). No Task Left Behind? Examining the Nature of Fragmented Work. Proceedings of the CHI 2005 Portland, 321-330

Bemerkenswerterweise nehmen, gegenläufig zum Wunsch reibungslos, flüssiger Prozesse, bei Büro- und Wissensarbeit Unterbrechungen und Störungen zu. Studien zeigen, dass man am PC bis zu 40-Mal am Tag eMail-Programme aufruft [‹›]. Dies stellt selbst an langen Tagen durchschnittlich alle zehn Minuten eine Unterbrechung dar. Da einige Minuten vergehen, um wieder in die unterbrochene Tätigkeit einzufinden, schmilzt die effektive Arbeitszeit dahin (*empaclip.de/220*). Multitasking bietet hier bedauerlicherweise keine Lösung. Bearbeitet man eine eMail und telefoniert gleichzeitig, führt man dies nicht parallel aus, sondern „springt" in seiner Aufmerksamkeit hin und her. Die Folge sind verlängerte Bearbeitungszeiten und Fehler.

Mehr und mehr gerät die geistige Vereinnahmung durch Smartphones in den Fokus. Stets angeschaltet, ist der Griff nach ihnen für viele die erste und letzte Handlung des Tages. Nicht nur Suchtforscher, sondern selbst Entwickler aus dem Silicon Valley befürchten, dass wir die Kontrolle darüber verlieren [‹›]. Eine kürzlich erschienene Studie zeigt, dass allein ein Smartphone in Reichweite, ohne dass es benutzt wird, ablenkt und die kognitive Leistung empfindlich beeinträchtigt [‹›].

„Nutzer werden von ihren Geräten programmiert, nicht umgekehrt"

C. Palihapitiya, ehemaliger Facebook-Manager

Schon Smartphones in Reichweite lenken ab und beeinträchtigen die Leistung

Ward, A. F., Duke, K., Gneezy, A. & Bos, M. W. (2017). Brain Drain: The Mere Presence of One's Own Smartphone Reduces Available Cognitive Capacity. Journal of the Association for Consumer Research, 2, 2, pp. 140-154

Kurzum: Moderne Kommunikationstechnologien verleiten zu Arbeitsunterbrechungen und Multitaskingversuchen mit gravierenden Effizienzverlusten und Frustrationen. Man „strampelt" den ganzen Tag und kommt nicht recht vorwärts. Dies ist den Beschreibungen einer Gratifikationskrise sehr nahe.

Begleitend mit den technischen Entwicklungen und modernen Produktionsphilosophien verändern neue Managementprinzipien die Arbeitswelt. Diese Ansätze sind sehr erfolgreich. Aber sie gehen mit Wirkungen auf die Mitarbeitenden einher. Die Übertragung unternehmerischer Herausforderungen auf die Angestellten, die Förderung unternehmensinterner Konkurrenzverhältnisse und leistungsgerechte Entlohnungen führen schnell zu Selbstausbeutungs- und Belastungsmomenten. Wird einem erhöhten Druck nicht mit Handlungsspielräumen, Entwicklungsperspektiven, Anerkennung, Lohn und fachlicher sowie sozialer Unterstützung angemessen begegnet, sind unangemessene Beanspruchungsreaktionen die Folge.

In diesem volatilen Effizienzgefüge steigen zudem die Erwartungen aller Beteiligten aneinander. Mitarbeitende erwarten Transparenz, Gerechtigkeit und eine Einbeziehung bei Entscheidungen sowie vielfache Formen von Förderung und Wertschätzung. Führungskräfte erwarten Eigeninitiative, Flexibilität, Erreichbarkeit, Kundenorientierung, Prozess- und Dokumentationstreue sowie ein Verständnis für betriebswirtschaftliche Zusammenhänge. Es liegt nahe, dass solch hehren Vorstellungen nicht immer erfüllt werden dürften und Enttäuschungen und Konflikte entstehen. Die Studienlage ist eindeutig. Mitarbeiterorientierte Führung wirkt entlastend und spannungsreiche Beziehungen belastend. Transaktionale und transformationale Führungsstile, die sich an einem fairen und ausgewogenen Verhältnis orientieren, sollten auch im Sinne gesundheitsförderlicher Arbeitsverhältnisse handlungsleitend sein. Näheres dazu im „Praxisbuch Führung" unter *kunstderarbeit.de*.

Die Unterdrückung von Emotionen führt zu hohen körperlichen Erregungen

Hagemann, T., Gross, J. & Levenson, B. (2006). Expressive suppression during an acoustic startle. Psychophysiology, 43, 104-112

Schließlich führen neben einer effizienz- und technikgetriebenen Arbeitswelt vermehrte Tätigkeiten im Bereich der Dienstleistungen zu vielen Belastungspotentialen. Dienstleistungen gehen mit einer emotionalen Inanspruchnahme im Sinne von Dissonanz und Einbindung einher. Eine Dissonanz liegt vor, wenn innere Gefühlswelten nicht mit dem äußeren Ausdruck übereinstimmen. Etwa in Callcentern, in denen heftig vorgetragenen Beschwerden und Reklamationen mit serviceorientierter Freundlichkeit begegnet werden muss. Eigene Studien zeigen, dass die Unterdrückung einer emotionalen Befindlichkeit mit höheren körperlichen Stressaktivierungen einhergeht [‹›]. In der sozialen Dienstleistung entsteht zudem eine besondere emotionale Einbindung, wenn man am Leid anderer Menschen teilnimmt, wie etwa in der Pflege, Notfallambulanz, Flüchtlingshilfe oder im Hospiz. Hier wird man an den Belastungen selten etwas ändern können. Aber man kann durch gute Personalentwicklung, einen angemessenen Personalschlüssel sowie unterstützende Maßnahmen wie „Debriefings", Supervision, Coaching, fachliche Qualifizierung oder kollegiale Beratung entgegenwirken.

Fazit

Es gibt Gründe, den angeblichen steilen Anstieg arbeitsbedingter psychischer Erkrankungen zu hinterfragen. Aber unbestritten wirken heute außergewöhnliche Anforderungen auf uns ein. Was vormals eingeschränkt und vorgegeben war, ist heute eine Frage individueller Lebensgestaltung mit unerschöpflichen Alternativen. Den perfekten Lebenspartner, die aussichtsreichste Ausbildung, den günstigsten Handyvertrag oder die lukrativste Altersabsicherung zu finden, gelten als Voraussetzung eines gelungenen Lebens. Allerdings fallen die Konsequenzen aller Entscheidungen auf uns selbst zurück. Unglücklich im Beruf oder in der Partnerschaft, zu hohe Telefonkosten oder keine ausreichende Rente? Selbst schuld, niemand hat einen abgehalten, andere Entscheidungen zu treffen. Heimat, Religion, Umweltschutz, Datenschutz oder genmanipulierte Nahrung – wir müssen Stellung beziehen und eigene Linien ziehen. Dabei führen die zunehmenden Freiheiten der anderen zu mehr eigenen Unsicherheiten [‹›]. Denn niemand ist sich mehr sicher, welche Wege das soziale Umfeld wählt. Wo bleibt man selbst, wenn ein Kind in Wien und das andere auf Island lebt?

Doppelte Kontingenz

Meine Freiheit ist zugleich die Unsicherheit meiner sozialen Umwelt und umgekehrt.

Niklas Luhmann: Soziale Systeme, Frankfurt 1984, S. 153 ff.

Die „modernen" Anforderungen lassen sich wie folgt skizzieren:

o Wir unterliegen einem Drang, mehr Dinge in

gleicher Zeit zu tun, was wir als Beschleunigung unseres Lebens erfahren.

o Die Eigenverantwortung und die Anzahl der Entscheidungen steigen – vieles, was vormals vorgegeben oder schlichtweg nicht möglich war, muss nun selbst bestimmt werden.

o Die sich darbietenden Möglichkeiten entfalten sich schneller, als man sie ergreifen kann. Das Bedürfnis, nichts zu verpassen, empfindet man als ständigen Druck.

o Rasante Veränderungen in einer unentflechtbar vernetzten Welt machen die Konsequenzen vieler Entscheidungen unabsehbar. Politische, wirtschaftliche oder ökologische Ereignisse rund um den Globus wirken verunsichernd auf uns.

o Alle sind immerwährend erreichbar und alle Informationen und Materialien sind mittels Internet, 3-D-Drucker und Drohnen unendlich reproduzierbar und sofort verfügbar. Natürliche räumliche und zeitliche Puffer zum Innehalten und Ausruhen lösen sich auf.

o Eine ständige potentielle Verbindung zur Arbeitswelt verführt zu einer Entgrenzung von Beruflichem und Privatem. Zum Ausgleich bestimmte Erholungsphasen bleiben ungenutzt.

o Trotz enormer Beschleunigung und Vereinfachung vieler Abläufe bleibt weniger Zeit. Denn Effizienzvorteile nutzt man nur kurzfristig, schnell füllt man die gewonnene Muße mit mehr vom Gleichen.

o Durch rasche Entwicklungs- und Innovationszyklen erlebt man eine zunehmende Verfallsrate von Erfahrungen und Wissen sowie eine wachsende Unsicherheit bezüglich der Zukunft. Ein ruhespendendes, als stabile Gegenwart empfundenes Zeitfenster gibt es immer weniger.

- Die vielfältigen Informations- und Kommunikationsmöglichkeiten verleiten zu immerwährenden Abschweifungen – nicht zuletzt im Arbeitsleben. Diese Unterbrechungen bedeuten eine immense Beeinträchtigung. Aufgaben werden dann nicht als wertschöpfend, sondern als frustrierend und desorganisiert erlebt.
- Die Verführung, mehrere Dinge gleichzeitig zu tun, wächst. Multitaskingversuche führen jedoch zu längeren Arbeitszeiten und zu mehr Fehlern.
- Informationen und Daten, die verfügbar und verarbeitbar sind, vermehren sich exponentiell. Die Aufnahme und Verarbeitung überfordert und verursacht ein stetiges Gefühl von Unwissenheit und Unsicherheit.
- Wir stehen in Konkurrenz mit klug agierenden Logarithmen und Maschinen. Diese arbeiten unermüdlich, schnell und abweichungsfrei. Unser Leistungsvermögen wirkt in diesem Zusammenspiel limitierend.
- Automatisierte und digitalisierte Arbeitsprozesse verlieren ihren erkennbaren Ursache-Wirkungs-Zusammenhang. Wasser- und Elektrizitätswerke oder Verkehrsmittel lassen sich aus weit entfernten Kontrollwarten steuern. Maschinen werden nicht mehr manuell bedient, sondern digital überwacht. Man ist „out of the loop" und versteht die dahinterliegenden Mechanismen nicht mehr.
- Der natürliche zyklische Biorhythmus des Menschen steht im Widerspruch zur globalen linearen Zeitstruktur. Viele Anpassungen an die Arbeitswelt verlaufen gegen unsere innere Uhr.
- Durch mobile Geräte und soziale Netzwerke erlebt man einen Verlust von Intimität, Privatsphäre und Schutz. Jeder kann uns zu jeder Zeit beleidigen,

bedrohen und Dinge aus unserem Leben erfahren.

o Moderne Managementsysteme übertragen mehr Verantwortung auf die Mitarbeitenden und versuchen, über Kennzahlen Leistungen zu steuern und zu beurteilen.

o Zunehmende Tätigkeiten in der Dienstleistung gehen mit erhöhten emotionalen Anforderungen einher.

Viele Anforderungen und Belastungen sind nicht zu vermeiden. Sie können jedoch durch den individuellen Umgang mit ihnen und eine gesundheitsfördernde Arbeitsgestaltung abgefedert werden. Die Kunst, dies zu tun, wird im nächsten Kapitel näher beleuchtet.

11

Gestaltung gesundheitsförderlicher Arbeitswelten

Richtlinien zur Unfallvermeidung und Ergonomie werden heute weitestgehend berücksichtigt. Die Herausforderungen liegen zunehmend in der Arbeitsorganisation und in der Verhaltensprävention, also in einer Veränderung der Arbeitsweisen und Gewohnheiten.

Sitzende Tätigkeiten stellen ein Risiko für Muskel-Skelett-Erkrankungen dar. Ein guter Bürostuhl mag diesen Effekt abschwächen, aber auch nur, wenn die richtige Einstellung von ihm erfolgt. Leider ist bequem nicht immer gesund. Und auch die beste Handhabung nützt nichts, wenn notwendige Entlastungsübungen fehlen. Will man beschwerdefrei bleiben, kommt man um ein Training der stützenden Rückenmuskulatur und ausgleichende Übungen nicht herum. Ähnliches gilt etwa für Sehnenscheidenentzündungen aufgrund feinmotorischer Tätigkeiten. Ergonomische Tastaturen und Mäuse beugen zwar vor, aber nur ausgleichende Bewegungsübungen sind ausreichend wirkungsvoll. Der Arbeitgeber kann sensibilisieren und anregende Angebote machen, aber letzten Endes ist man selbst gefordert.

Der Umgang mit psychischen Belastungen ist ebenfalls anspruchsvoll. Aufgrund unterschiedlicher Erfahrungen, Interessen und Fähigkeiten können sich ähnliche Belastungen bei jeder Person anders auswirken. Hospizarbeit, freie Rede oder Tabellenkalkulationen können für manche Quellen höchster Arbeitszufriedenheit und für andere eine Überforderung sein. Jeder Mensch kann bis zu einem gewissen Grad seine Robustheit durch Gelassenheit, körperliche Fitness, Weiterbildung oder positives Denken optimieren und somit die Belastungs-Beanspruchungs-Relation zu seinen Gunsten beeinflussen.

Einige Belastungen, wie etwa häufige Unterbrechungen, lassen sich durch organisatorische Maßnahmen beseitigen. Andere Belastungen, wie etwa Monotonie in einer Produktion, können nicht beseitigt, sondern nur durch Anreicherung und Rotation „aufgefangen" werden. Und manche Belastungen machen erst den Reiz einer Tätigkeit aus. Aufregung, Nervosität oder Lampenfieber können quälend sein. Aber ohne solche Zustände würden auch die Quellen von Erfolgserlebnissen, Anerkennung und Stolz versiegen. Es geht also um eine Balance von Belastungen und Ressourcen. Ein streikendes Laborgerät versetzt einen Arbeitsplatzinhaber ohne Lösungen in große Not. Liegen Erfahrungen, Ansprechpartner oder Ideen vor, kann ein Defekt eine angenehme Herausforderung und Abwechslung sein. Kein Labor ist vor Störungen sensibler Geräte gefeit, entscheidend ist, ob die Betroffenen damit umgehen können.

Nicht die Arbeitsdichte, sondern (eigenen) Ansprüchen nicht gerecht zu werden, verursacht Stress

Eigene Untersuchungen im Bereich der Pflege haben gezeigt, dass viele Pflegende das Gefühl haben, ihren fachlichen Ansprüchen nicht zu genügen, da sie wenig Zeit für die zu Pflegenden haben. In diesem Zusammenhang werden dann etwa Dokumentationsaufgaben als problematisch wahrgenommen.

Hagemann, T. (2013). Forschungsergebnisse zum Projekt Ëxistenzielle Kommunikation und Ressourcen im Pflegeberuf". In: J. Stockmeier, A. Giebel & H. Lubatsch. Geistesgegenwärtig pflegen. Band II., 74-104

Gesund ist nicht ein belastungsarmer, sondern ein ausgefüllter Arbeitstag, in dem sinnvolle Aufgaben erfolgreich gelöst und Anerkennung dafür erfahren wird. Nicht die Vermeidung von Belastungen, sondern die Gestaltung einer gesundheitsförderlichen Arbeitssituation, indem man eine günstige Relation zwischen Anforderungen und Ressourcen erlebt, ist erforderlich. Eine hohe Arbeitsdichte und Zeitdruck wirken dann negativ, wenn eigene oder äußere Ansprüche nicht erfüllt werden können [‹›]. Ein hohes Engagement wirkt sich dann negativ aus, wenn keine Würdigung dafür erfahren wird. Projektarbeit ist dann belastend, wenn Ergebnisse unsichtbar bleiben und das Ganze in Frustration versandet. Tätigkeiten wirken dann fehlbeanspruchend, wenn Überforderungen, Enttäuschungen oder Unsicherheiten entstehen.

Als Folge von Ängsten und Unsicherheit kommt eine weitere Tücke hinzu. Ein Gefühl der Beklommenheit führt zur gedanklichen Enge und einem Verharren in tiefverankerten Verhaltensweisen. Man erlebt eine Unfähigkeit, sich von der problemauslösenden Situation zu befreien. Wie Zeugen eines Unfalls blickt man erstarrt auf die gespenstische Szene. Eine solche Fixierung schränkt die Möglichkeit ein, geistreiche Lösungen zu erkennen und anzuwenden. Aber insbesondere bei betrieblichen Veränderungen, die ein besonderes Engagement der Mitarbeitenden erfordern, besteht die Tendenz zu solch einer destruktiven Abwärtsspirale. Bei Veränderungsdruck ist es also entscheidend, ob langfristige Ziele veranschaulicht und die Mitarbeitenden von einem gemeinsamen Weg überzeugt werden können.

Psychische Gefährdungsbeurteilung

Seit Ende 2013 sind Unternehmen rechtlich gefordert, eine psychische Gefährdungsanalyse vorzunehmen. Leider sind die gesetzlichen Vorgaben dazu, aus der Logik einer klassischen (physischen) Gefährdungsbeurteilung heraus, nicht hilfreich formuliert. Denn die Identifizierung und Verringerung psychischer Belastungen macht nur begrenzt Sinn. Bei vielen Tätigkeiten geht es, wie oben ausgeführt, eher um den Aufbau von Ressourcen.

Ausreichend für das Thema sensibilisiert, sind psychische Gefährdungsanalysen, im Sinne einer Förderung der gesundheits- und leistungssichernden Balance, sehr wirkungsvoll. Hierzu finden Sie auf *kunstderarbeit.de* eine Publikation. Diese besteht aus einer multimedialen Einführung in das Thema, in der die verschiedenen inhaltlichen, organisatorischen und gesetzlichen Anforderungen dargestellt werden. Zudem beinhaltet diese Publikation eine Anleitung zur sicheren und wirksamen Durchführung mit praxisorientierten Instrumenten und Experten-Empfehlungen.

Aber bereits im Vorfeld einer Gefährdungsbeurteilung lässt sich vieles zur Stressprävention sowie der Förderung von Gesundheit und Leistung berücksichtigen.

Betriebliche Gesundheitsförderung

Im Folgenden werden die wichtigen Stellschrauben für einen adäquaten Umgang mit arbeitsbedingten Belastungen dargestellt:

Arbeitsunterbrechungen: Die technischen Entwicklungen eilen unseren Gewohnheiten voraus. Heute ergeht es uns wie Odysseus und seiner Mannschaft in Angesicht der Sirenen: Entweder festgebunden mit unerträglichen Qualen oder mit Honig in den Ohren auf Kurs. Die Sirenen sind heute Informations- und Kommunikationsangebote, die wir als soziale Wesen voller Neugierde nicht ignorieren. Aber der individuelle und organisatorische Effizienzverlust durch ständige Unterbrechungen ist enorm und psychisch äußerst fordernd. Insbesondere Wissens- und Bildschirmarbeitende sind hier gefragt. Es müssen Arbeitsorganisationen gefunden und eine Unternehmenskultur gefördert werden, die permanente Ablenkungen unterbindet und ein konzentriertes Arbeiten ermöglicht. Alle sollten mit gutem Beispiel vorangehen, indem sie umsichtig mit Anfragen und Terminsetzungen umgehen. Und man muss konsequent sein. Ein ständiges Prüfen auf neue Nachrichten ist unproduktiv. Automatische Software-Hinweise sind verheerend, denn wir können kaum widerstehen. Bezüglich störungsfreier Arbeitszeiten sollten Verabredungen im Team und betriebliche Vereinbarungen geschlossen werden. Diese sollten im Einklang mit unserer circadianen Rhythmik stehen. Vormittags besteht ein Leistungshoch, das nicht mit der

Sichtung von eMails oder Administrativem vergeudet werden sollte. Zusammenhängende Aufgaben sollten in störungsfreien Blöcken organisiert sein. Ein ständiger Wechsel zwischen Themen geht mit Zeitverlusten und größerer Anstrengung einher, da man gedanklich noch im Vorherigen haftet.

Oft gehen wir den Weg des geringsten Widerstandes und lassen die Dinge laufen, wie sie wollen. Dabei öffnet sich hier ein großer Quell der Belastungsreduzierung und Leistungsoptimierung. Schon ein kurzer Tagesplan, eine Softwareeinstellung im eMail-Programm, ein Schild „Bitte nicht stören" oder verkürzte Meetings im Stehen können belastungsmindernde Effekte haben.

Maßgebend sind jedoch die Haltungen und Routinen aller Beteiligten. Schnelle Antworten auf eMails sind oftmals Zeichen der Angst, als nicht engagiert oder fleißig zu gelten. Dabei trifft das Gegenteil zu: Wer sofort antwortet, ist ablenkbar, also weder konzentriert noch produktiv.

<u>Pausen</u>: Wofür brauchen wir eine Pause oder besser gefragt, wovon brauchen wir eine? Längere Anstrengung geht mit einer Ermüdung einher. Nach etwa 90 Minuten lässt unsere Konzentrationsfähigkeit und Aufmerksamkeit nach – die Fehlerwahrscheinlichkeit steigt und unser Körper ermattet. Wir müssen uns mehr anstrengen, um die gleiche Leistung zu erbringen. Eine Pause von 10 bis 15 Minuten bringt unsere Leistungsfähigkeit zurück. Langjährige Studien zeigen, dass mangelnde Erholung zu einer höheren Sterberate aufgrund von Herz-Kreislauf-Erkrankungen führt [‹›].

Zu wenig Erholung birgt tödliche Risken

Der Finne Mika Kivimäki untersuchte mit Kollegen in einer 28-jährigen Längsschnittstudie die Folgen mangelnder Erholung an Wochenenden. Es zeigte sich, dass weniger Erholung mit einer höheren Wahrscheinlichkeit, an Herz-Kreislauf-Erkrankungen zu sterben, verbunden ist.

Kivimäki, M. et al. (2006). Is incomplete recovery from work a risk marker of cardiovascular death? Prospective evidence from industrial employees. Psychosomatic Medicine, 68, 402-407

Fragt man nach der optimalen Ausgestaltung einer Pause, rückt das „wovon“ in den Vordergrund. Arbeitet man am PC und beansprucht Augen, Rücken, Hände und den Kopf, ist eine Erholung vor dem Bildschirm nicht ratsam. Ist man auf den Beinen, körperlich beansprucht und redet mit vielen Menschen, kann eine Ruhepause mit einem Achtsamkeitstraining am Bildschirm wirkungsvoll sein. Sinnvoll ist es, den Arbeitsplatz zu verlassen und etwas zu tun, was der Arbeitstätigkeit entgegenwirkt. Es geht darum, sich von den Dingen zu erholen, die uns körperlich und geistig fordern. Fehlende Pausen können bei Bildschirmarbeit zu einer erhöhten Belastung der Augen mit der Gefahr einer funktionellen Kurzsichtigkeit, aber auch zu Durchblutungsstörungen und anderen Herz-Kreislauf-Beschwerden sowie Gelenks- und Sehnenscheidenentzündungen führen.

Bei vielen besteht die Arbeit aus unterschiedlichen Tätigkeiten: Sprechen, Zuhören, Laufen, Schreiben, Telefonieren und so weiter. Was sind also die goldenen Regeln, die für alle Tätigkeiten gelten? Eine Pause sollte alle 90 Minuten – fern vom Arbeitsplatz – genommen werden. Bewegung baut Stresshormone ab, deswegen ist ein kurzer Spaziergang, wenn das das Wetter zulässt, optimal. Ist man allerdings körperlich gefordert, dann ist Liegen mit erhöhten Beinen am besten. Dies schont den Rücken und hilft, stark durchblutete Füße und Beine zu regenerieren. Da man während der Arbeit die Nahsicht benötigt, ist zur Entspannung der Augenmuskulatur der Blick in die Ferne wichtig. Dies ist bei einem Rundgang draußen gegeben, aber auch drinnen sollte man den Blick aus dem Fenster suchen – und den Blick aufs nahe Handy vermeiden. Sauerstoff, Ruhe, ablenkende Gedanken und Gespräche sind weitere Zutaten einer gelungenen Erholung.

Aber eine Pause hat auch andere Effekte. Sie teilt lange Arbeitszeiten in kürzere Abschnitte und gibt ein angenehmes Gefühl von Handlungsspielräumen. Eine Pause kann, gemeinsam verbracht, die sozialen Beziehungen stärken. Pausen zu vernachlässigen, ist fahrlässig. Kurzfristig kann man sein Arbeitspensum erhöhen. Langfristig wandelt sich Müdigkeit in Erschöpfung und irgendwann in Resignation. Nichtstun ist eine aktive Form der Erholung, die für unser Wohlbefinden notwendig ist – ähnlich wie Essen und Schlafen. Der gegenseitigen Vorbildfunktion kommt auch hier eine bedeutsame Wirkung zu.

Inzwischen ist empirisch gut belegt, dass Menschen, die sich gut erholen können, höhere Leistungen im Arbeitsleben erbringen [‹›]. Nicht nur für die Arbeit, sondern auch für die Zeit nach der Arbeit deutet vieles darauf hin, dass die Erholung möglichst komplementär zu den beruflichen Anforderungen sein sollte. Sport und Bewegung sowie soziale Aktivitäten mit Freunden und Familie zeigen die größten Wirkungen.

Erholung fördert Leistung

Mitarbeitende, die sich in ihrer Freizeit gut erholen, durch Sport oder soziale Kontakte, zeigen bessere Leistungen.

Binnewies, C. & Sonnentag, S. & Mojza, E. J. (2009). Daily performance at work: Feeling recovered in the morning as a predictor of day-level job performance. Journal of organizational Behavior, 30, 67-93

Urlaube sollten stets fern der Arbeitswelt, die durch Smartphones oft mitreist, verbracht werden. Da man weiß, dass man zur Not erreichbar wäre, vernachlässigt man gerne die notwendige Urlaubsvorbereitung. Ein Trick ist es, gedanklich so zu tun, als wäre man unerreichbar. Dies macht notwendig, alle wichtigen Kontakte – Kolleginnen und Kollegen sowie die Kundschaft – über die bevorstehende Abwesenheit zu informieren und Vertretungen sowie Ansprechpartner zu benennen. Automatisierte Nachrichten, eingestellt für eMail und Mailbox, runden das Ganze ab. Gegen Gedankengrübeln zum Urlaubsende hilft eine Liste auf dem heimatlichen Schreibtisch, welche die Arbeitsfäden, die nach dem Urlaub aufzugreifen sind, für einen bewahrt.

Ent- und Begrenzung: Telefonweiterleitungen, ein gesicherter Zugriff auf den Firmenserver und Videokonferenzen ermöglichen ein ortsunabhängiges Arbeiten. Dies hat viele Vorteile. Wegezeiten werden vermieden und familiäre Verpflichtungen lassen sich in den Arbeitsalltag integrieren. Allerdings verschwimmen die Grenzen zwischen Arbeit und Privatem. Notwendige Erholungsphasen bleiben manchmal aus. Denn die Verlockung ist groß, am Abend oder Wochenende eMails abzurufen oder dienstliche Telefonate entgegenzunehmen. Bei Heimarbeit sollten ein abgegrenzter Arbeitsplatz sowie feste Arbeitszeiten gegeben sein. Grundsätzlich sollten privat und beruflich *unterschiedliche* eMail-Adressen, Telefonnummern und Geräte genutzt werden.

Unterstützung & Weiterbildung: Der Aufbau von Wissen ist in vielerlei Weise hilfreich, psychische Beanspruchungen zu verringern. Fach- und Methodenwissen gibt Sicherheit und entlastet. Die Bedienung handelsüblicher Software ist ein Beispiel. Die wesentlichen Funktionen sind heute intuitiv, dennoch ist die Bandbreite der dargebotenen Hilfsmittel meist unbekannt. Nutzt man täglich ein Schreibprogramm, ist das Wissen um Funktionen oder ein Zehn-Finger-Schreiben in Belastungsspitzen eine wertvolle Ressource. Solche Kompetenzen lassen sich mit einem überwindbar zeitlichen Aufwand aneignen. Bedauerlicherweise werden Bedarfe in Phasen hoher Belastungen erkannt und in ruhigen Zeiten gerne übersehen. Themenspeicher und eine

Überführung in individuelle oder teamübergreifende Bildungsstrategien sind hier unentbehrlich.

Daneben führen schnelle Wissens- und Innovationszyklen zu immer neuen fachlichen Anforderungen. Traditionelle Weiterbildungsangebote können diesen Qualifizierungsdruck nicht mehr begegnen. Aus dem (virtuellen) Informationsmeer das „Richtige" herauszufischen und in nützliche Kompetenzen zu überführen, ist sehr fordernd. Heutige Informations-, Wissens- und Kompetenzanpassungen können nur über flexible, niedrigschwellige, in die Arbeitsroutinen integrierte Systeme gelöst werden. Hier bieten sich kollegiale Beratungen über Tandem- oder Mentorensysteme, Scrum-Master oder Online-Tutorials an. Individuelle Anforderungen sollten regelmäßig in Mitarbeitenden- und Teamgesprächen erörtert werden.

Support durch Scrum- Master

In agilen Organisationsformen arbeiten selbstorganisierte, interdisziplinäre Teams an einzelnen Projekten. Scrum-Master wirken im Hintergrund und sollen alle Hindernisse, seien diese fachlich, sozial oder methodisch, auflösen. Scrum-Master benötigen soziale Fähigkeiten und ein gutes Knowhow bezüglich der Prozess- und Qualitätsentwicklung.

Flüssigkeitszufuhr: Unter Stress versäumen wir es gerne, ausreichend Flüssigkeit zu uns zu nehmen. Unser Durstgefühl ist in diesem Zustand beeinträchtigt, denn verhaltensbiologisch macht es keinen Sinn, sich am Wasserloch zu laben, wenn man gerade flieht oder kämpft. Dies hat Folgen. Schon ab einem Wasserverlust von einem Prozent Körpergewicht vermindert sich die Konzentrationsfähigkeit, was schnell in einem merklichen Leistungsabfall mündet. Selbst ohne besonderes Schwitzen verlieren wir täglich zwei bis drei Liter Wasser, bei Hitze oder körperlicher Anstrengung deutlich mehr. Laut der Deutschen Gesellschaft für Ernährung sollte pro Kilogramm Körpergewicht 30-40 ml Flüssigkeit pro Tag zu sich genommen werden. Sind wir einmal dehydriert, hilft kein hastiges Trinken, denn unser Körper kann nur in Etappen Flüssigkeit absorbieren, der Rest wird einfach ausgeschieden.

Wasser

Ohne außergewöhnliche Belastungen durch Bewegung oder Hitze sollte man 1,5 bis 2 Liter Wasser pro Tag zu sich nehmen. Also ca. 100 ml pro Stunde. Bei Hitze oder körperlicher Bewegung deutlich mehr.

Für eine optimale Leistung ist es gut, stündlich ein Glas Wasser oder ungezuckerte Früchte- und Kräutertees zu sich zu nehmen. Koffeinhaltige Getränke verstärken die Wasserausscheidung und sollten nur in Maßen getrunken werden. Ergänzende Obst- oder Gemüsesaftschorlen wiederum führen dem Körper Vitamine und Mineralstoffe zu. Eine übertriebene Flüssigkeitsaufnahme ist ebenfalls zu vermeiden, da der Salzhaushalt dadurch durcheinandergerät.

Was kann man außerhalb der Arbeitswelt für seine Gesundheit tun?

Auch wenn die vielen Ratgeberüber über das, was gesund hält, einen anderen Eindruck erwecken, gibt es recht wenig abgesicherte Erkenntnisse dazu. Diese lassen sich im Beruf einer Dirigentin veranschaulichen: körperliche Bewegung, geistige Aktivität, soziale Eingebundenheit und Anerkennung. Isst man zudem ausgewogen, entsagt dem Nikotin und trinkt maßvoll Alkohol, ist man nur noch dem Zufall ausgeliefert. Leider schlägt dieser – von Alzheimer bis Krebs – unberechenbar zu.

Da wir nicht alle taktschwingende Lichtgestalten sind, bei denen wirksame Präventionsmaßnahmen zum Berufsbild gehören, müssen wir uns andere Wege suchen. Eines sollte man sich bei Musikern abschauen: Gesundheitsförderliche Lebensweisen verfestigen sich durch Lust und nicht durch Verzicht und Frust. Bevor man sich mühsam in die Fitnessbude schleppt, sollte man besser für sich ansprechende Bewegungsformen suchen – egal ob Joggen, Kegeln, Tanzen, Yoga, Radfahren, Boule spielen, Gartenarbeit, Bogenschießen oder ausgedehnte Spaziergänge. Besser als eine entbehrungsreiche Diät ist eine Umstellung auf kalorienärmere Nahrungsmittel, die man gerne isst. Das „Framing“, also die gedankliche Einbettung, ist entscheidend – nicht entsagen, sondern etwas anderes begehren.

Da es an Ratgebern zur Gesundheit nicht mangelt, an dieser Stelle nur einige grundsätzliche Anmerkungen aus wissenschaftlicher Sicht.

Körpergewicht & Ernährung: Etwas unter- oder übergewichtig zu sein, ist nicht entscheidend. Weicht man jedoch deutlich vom Normgewicht ab, entstehen deutliche gesundheitliche Risiken. Will man abnehmen gibt es, entgegen aller empfohlenen Wundermittel, nur einen seriösen Weg: Mehr Kalorien zu verbrauchen als zu sich zu nehmen. Und dies allmählich, um den Organismus und Metabolismus daran zu gewöhnen. Bewegung ist dabei sehr hilfreich. Dadurch werden nicht nur Kalorien verbrannt, sondern der Muskelaufbau führt zu einem höheren Grundumsatz – man verbraucht selbst beim Nichtstun mehr Kalorien als vorher. Außerdem zieht Bewegung durch Trainingseffekte mehr Bewegung nach sich, eine positive Dynamik kommt in Gang.

„Eat Butter“

Das amerikanische TIME-Magazin forderte in seiner Ausgabe vom 28. Dezember 2015 auf, mehr Butter und Fett zu essen anstatt (verarbeiteter) Kohlenhydrate. Kohlenhydrate heben den Insulinspiegel rascher an. Dadurch wird die Vorratsspeicherung in Fettzellen angeregt und schneller Hunger stimuliert.

Ob man abnehmen will oder nicht, ungesunde Lebensmittel sollten vermieden und ein maßvoller Umgang mit kritischen „Kandidaten“ wie Zucker, rotem Fleisch und Salz gefunden werden. Lange Zeit galt: kein Fett. Heute wird eine fettfreie Ernährung als Übel mancher Gewichtsprobleme angesehen [‹›].

Eine einfache und wirksame Strategie für eine gute Ernährung ist es, industriell hergestellte Lebensmittel wie Fertiggerichte, Schokoriegel, Dosensuppen oder Limonaden zu vermeiden. Allein in Deutschland wachsen hunderte verschiedene Gemüse-, Obst- und Getreidesorten. Kombiniert mit einem maßvollen Verzehr von Fleisch, Fisch, Milch- oder Sojaprodukten, ist man auf der sicheren Ernährungsseite.

Bewegung: Historisch gesehen ist unser Körper nicht zum Sitzen, sondern vor allem für Bewegung geschaffen. Vermutlich ist der Mensch früher viele Kilometer am Tage gelaufen. Körperliche Ertüchtigung hilft, Gewicht zu halten oder abzunehmen, beugt Muskel-Skelett- und kardiovaskulären Erkrankungen vor und führt zu einem Abbau von Stresshormonen sowie einem angenehmeren Köpergefühl. Zudem ist Sport und Bewegung, hinsichtlich motorischer Steuerung und Sinnesverarbeitung fordernder als jedes „Gehirnjogging". Kurzum: Ausreichende Bewegung ist für die Gesundheit unerlässlich.

Auch hier sollte nicht Überwindung, sondern Angenehmes im Vordergrund stehen. Ob man im Wald oder von Schaufenster zu Schaufenster läuft, ist einerlei. Laufen, Schwimmen, Radfahren, Nordic Walking, Tanzen, Wandern oder ausgedehnte Spaziergänge sind einfache, aber bezüglich Körper, Herz und Geist äußerst förderliche Bewegungsformen.

Glück hat, wer per Fahrrad oder zu Fuß zur Arbeit kommt und so Bewegung in die Tagesroutine integriert. Sehr gefordert sind fernpendelnde Autofahrer. Hier kommt zu den sitzenden Fahrten Zeitknappheit hinzu. Es gibt jedoch stets Spielräume in Verhaltensgewohnheiten, die sich gesundheitsförderlich nutzen lassen. Wer wenig Zeit und Lust auf Sport hat, sollte seine Interaktion mit der Umwelt so gestalten, dass sich möglichst viel Bewegung ergibt. Treppe statt Aufzug. Bewegung in den Pausen statt sitzendem Ruhen oder das Auto bewusst in einiger Entfernung parken.

Erholung: Eine permanente Ausschüttung von Stresshormonen geht mit ernsthaften Krankheitsrisiken einher. Deswegen ist es wichtig, in der Freizeit abzuschalten und die berufliche Habachtstellung hinter sich zu lassen. Heute bedeutet dies, „offline zu gehen" und sich von beruflichen und anderen Reizen zu trennen („digital detox"). Dazu bedarf es einer besonderen Haltung in unserer schnelllebigen Zeit: Nichts tuend auf dem Sofa liegen ist eine aktive Form der Erholung und keine Zeitverschwendung. Ebenso sollte der Langeweile beim Warten auf den Bus nicht mit sofortigem Medienkonsum begegnet werden. Gegen unsere Unruhe, etwas zu verpassen, hilft nur eine Veränderung der Einstellung – „loslassen" – und eine Vergegenwärtigung dessen, was einem wirklich wichtig ist, wie etwa Gesundheit und Zeit mit Familie und Freunden.

Schlaf: Bis heute weiß man sehr wenig über den Schlaf – nicht mal, wieso man überhaupt schläft. Erholung und die Verarbeitung von Eindrücken scheinen plausible Erklärungen, begründen aber nicht unsere nächtliche Bewusstseinsveränderung. Während Hunde lange, Pferde nur sekundenweise und Delphine abwechselnd mit der einen oder der anderen Gehirnhälfte schlummern, sind für uns ausgeprägte REM-Schlafphasen typisch – Tiefschlafphasen mit einer Gehirnaktivität wie im Wachzustand und sich rasant hin und her bewegenden Augen – daher der Name REM für „Rapid Eye Movement". Kein Mensch weiß, wozu dieses Augenrollen gut sein soll. Wie dem auch sei, ausreichend Schlaf hat für unser Wohlbefinden eine hohe Bedeutung. Und hier scheinen sich Menschen hinsichtlich der Länge und der Uhrzeiten voneinander zu unterscheiden. Bis zur Erfindung der Elektrizität waren zwei Schlafphasen üblich. Man ging früh ins Bett und schlief bis Mitternacht. Es folgte eine gemeinsame Wachphase, in der gegessen, getratscht und geliebt wurde, bis die zweite Schlafphase begann [‹›].

Zwei Schlafphasen

Vor der industriellen Revolution waren in vielen Ländern Europas zwei Schlafphasen üblich. Ab Mitternacht wurde zwei Stunden lang geredet, gegessen und geliebt.

Ekirch, A. R. (2006). At Day's Close: Night in Times Past, WW Norton & Co

Nächtliches oder frühes Aufwachen sind somit nicht ungewöhnlich. Man sollte sich bei Phasen schlechten Schlafs also nicht verrückt machen. Schnell schadet die Sorge mehr als das Schlafdefizit selbst.

Alkohol, Lärm, ein voller Magen, nervenaufreibende Serien, blaues Licht moderner Displays oder sorgenvolle Gedanken beeinträchtigen die nächtliche Schlafqualität. Besonders gefordert sind Menschen, die in Schichten arbeiten. Dies stellt eine große Herausforderung für unseren Organismus dar. Sehen Sie hierzu die Kurzpublikation „Schichtarbeit und guter Schlaf" auf *kunstderarbeit.de*.

Atmung & Entspannung: Unsere Atmung versorgt uns mit Sauerstoff und befreit uns vom Kohlendioxid. Bemerkenswert ist, dass sie sowohl automatisch als auch bewusst gesteuert werden kann – auch wenn Letzteres Grenzen hat. Unsere Atmung reagiert zudem sensibel auf emotionale Zustände wie Angst oder Wut – unter Angst atmet man schnell und flach. Aber es funktioniert auch andersherum: Die bewusste Steuerung der Atmung beeinflusst Empfindungen und Gedanken. Hier setzen Entspannungstechniken vom Yoga über Achtsamkeit bis hin zum autogenen Training an. Denn man kann mit einer bewussten Atmung den stressbedingten „Alarmzustand" eines Körpers zur Ruhe bringen. Stehen wir unter Druck und atmen trotzdem ruhig ein und aus, signalisieren wir dem Organismus, alles im Griff zu haben oder besser gesagt: Wir täuschen Entspannung vor. Dieser Trick ist hilfreich, um Stress aufzulösen.

Atmung und Entspannung

Die neuronalen Wirkungen tiefer, bewusster Atmung sind heute mit bildgebenden Verfahren gut zu erkennen.

Doll, A., Holzel, B., Mulej, B., Boucard, C., Xiyao, X., Wohlschläger, M. & Sorg, C. (2016). Mindful attention to breath regulates emotions via increased amygdala-prefrontal cortex connectivity. NeuroImage, 134, 305-313

Solche Effekte wurden seit jeher genutzt, nicht nur in Fernost. Bereits die antiken Griechen und Ägypter wussten um die wohltuende Wirkung richtiger Atmung – umso erstaunlicher, dass in unseren Gefilden das Wissen darum lange Zeit verschüttet war. Beflügelt durch bildgebende Verfahren, die die neuronalen Zusammenhänge aufzeigen, sind Atemtechniken und damit verbundene Entspannungstechniken heute wieder in. Konzentriert man sich auf den Atem, sinkt die Aktivität im Emotionszentrum, der sogenannten „Amygdala", und der vordere Hirnlappen, der Bereich der bewussten Steuerung, wird aktiviert. Zudem senkt der Vagusnerv die Herzfrequenz und den Blutdruck, und eine muskuläre Entspannung setzt ein [‹›].

Atmung und Gesundheit

Verschiedene Studien zeigen die positive Wirkung bewusster Atmung auf die Stimmung und Gesundheit.

Beblo, T., Pelster, S., Schilling, C., Kleinke, C., Iffland, B., Driessen, M. & Fernando, S. (2018). Breath Versus Emotions: The Impact of Different Foci of Attention During Mindfulness Meditation on the Experience of Negative and Positive Emotions, Behaviour Therapy, 49, 5, 702-714

Toschi-Dias, E., Tobaldini, E., Solbiati, N., Costantino, G., Sanlo-renzo, R., Doria, S., Irtelli, F., Mencacci, C. & Montano, N. (2017). Sudarshan Kriya Yoga improves cardiac autonomic control in patients with anxiety-depression disorders, Journal of Affective Disorders, 214, 74-80

Viele Studien zeigen inzwischen, dass sich mit Atemtechniken sogar Schmerzen, Ängste oder Depressionen lindern lassen. Ein Team um den Bielefelder Psychologen Thomas Beblo präsentierte berührende Kurzfilme und bat die zuschauenden Probanden, sich auf den eigenen Atem zu konzentrieren. Diese Gruppe war weniger emotional mitgenommen als eine Kontrollgruppe ohne solche Anweisungen. Andere Langzeitstudien zeigen, dass man durch eine bewusste Atmung krankmachende Kreisläufe aus negativen Emotionen und den daraus entstehenden körperlichen Reaktionen durchbrechen kann [‹›].

Für diese Effekte ist eine langsame und tiefe Bauchatmung wichtig. Es hilft bereits, dreimal am Tag innezuhalten und fünf bis zehn Minuten in einem zehn Sekundentakt, also sechsmal pro Minute, bewusst ein- und auszuatmen. Dies entspricht fast einer Halbierung der normalen Rate. Die Ausatmung sollte dabei etwas länger als die Einatmung sein. Empfehlenswert ist es, die Hand auf den Bauch zu legen, um die sogenannte Zwerchfellatmung in den Bauch hinein anzuregen. Im Alltag neigt man dazu, diese zu unterdrücken, da enge Kleidung oder die Körperhaltung sie erschweren oder es einem unattraktiv erscheint, den Bauch auszustrecken [‹›].

Entschleunigtes Atmen

Loew, T., H., Leinberger, B., & Hinterberger, T. (2017). Entschleunigtes Atmen. Der kleinste gemeinsame Nenner der Entspannungstechniken. Psychotherapie im Dialog, 18, 4, 63-67

Rückkopplungen bewusst gesteuerter körperlicher Veränderungen auf das emotionale Erleben finden auch in anderen Zusammenhängen statt. Bittet man Personen, einen Stift zwischen die Lippen zu pressen, imitieren sie ein Lächeln und in der Tat hellt die künstlich veränderte Mimik die Stimmung auf. Pressen Probanden einen Stift zwischen Oberlippe und Nase, führt das künstlich verdrießliche Gesicht zunehmend zu negativen Empfindungen. Verantwortlich ist hier der Empathie-Mechanismus. Fühlen wir mit anderen mit, imitieren wir die Gesichtszüge des Gegenübers und erfahren dadurch dessen Gefühlswelt am eigenen Leib. Ein schönes Experiment zu solch einem sensorischen Feedback hat eine interdisziplinäre Forschergruppe in München durchgeführt. Sie baten Personen, die mittels Botox ihre Stirnfalten geglättet hatten, und eine Kontrollgruppe, sich mit einem ärgerlichen Gesichtsausdruck in einen Magnetresonanztomographen zu legen. Tatsächlich

Botox macht nicht nur falten-, sondern auch sorgenfrei!

Hennenlotter, T., Dresel, C., Castrop, F., Ceballos-Baumann, A., O., Wohlschläger, A., M., & Haslinger, B. (2008). The Link between Facial Feedback and Neuronal Activity within Central Circuitries of Emotion—New Insights from Botulinum Toxin–Induced Denervation of Frown Muscles, Cerebral Cortex, 19, 3, 537-542

zeigte die Botox-Gruppe weniger Aktivität in emotionsverarbeitenden Hirnregionen wie der Amygdala [‹›]. Allerdings schwingen diese Personen auch bei positiven Emotionen weniger mit. Es sei darauf verwiesen, dass diese Feedbackmechanismen zwar einen verstärkenden, aber keinen determinierenden Einfluss haben – letztendlich hängt unsere Gefühlswelt von vielen Faktoren ab.

Soziale Einbettung: Wir sind soziale Wesen, die Anwesenheit und Unterstützung von uns bekannten Menschen wirkt entlastend und verringert unser Stresserleben. Aber auch Privates will heute geplant und terminiert werden. Ist man beruflich eingespannt, liegen ungünstige Kreisläufe nahe: Soziale Kontakte werden vernachlässigt und berufliche Belastungen gewinnen in unserer Gedankenwelt an Bedeutung, dadurch bleiben wichtige Ressourcen ungenutzt.

Selbstsorge & Achtsamkeit: Das Konzept der Achtsamkeit wirkt der „Übersteuerung" in einer schnelllebigen Zeit entgegen. Achtsamkeit beschreibt einen selbstregulatorischen Prozess, der auf das bewusste, nicht wertende Erleben der aktuellen Erfahrung zielt: Sich nicht durch äußere Reize bestimmen lassen, sondern durch die Konzentration auf das innere Erleben. Auch hier geht es nicht um Verzicht, sondern um eine veränderte Orientierung. Anstatt an der Haltestelle automatisiert aufs kleine Mobile zu starren, werden die Sinne und Gedanken auf den Moment und die einen umgebende Umwelt gelenkt. Hierzu finden Sie auf *kunstderarbeit.de* eine weitere Publikation zum Thema.

Fazit

Bezüglich unserer Gesundheit haben wir nicht zu wenige, sondern zu viele Informationen. Täglich tauchen neue Ratschläge auf, was förderlich oder schädlich sein soll. Um nicht im Meer der Gesundheitstipps heillos zu versinken, sollte man sich aufs Wesentliche konzentrieren.

12

Vom Wollen zum Tun oder wie man innere Schweinehunde überwindet

Motivation und Wille sind kein Garant dafür, Vorhaben in die Tat umzusetzen. Langjährige Gewohnheiten, eingefahrene Reaktionsmuster und ablenkende Umweltreize machen uns vielerlei Striche durch unsere Rechnungen. Die Kunst, einen Pfad durch den Dschungel der inneren und äußeren Widerstände zu schlagen, ist eine Herausforderung. Neuere Forschungsansätze befassen sich genau damit und zeigen wirksame Kniffe auf, Hindernisse zu überwinden.

In den Siebzigerjahren geriet die psychische Stärke in den Blickpunkt wissenschaftlichen Interesses. Wieso können Menschen zuweilen den widrigsten Bedingungen trotzen und scheinbar unbeeindruckt ihren Weg gehen? Was macht diese Personen resilient? [‹›].

Resilienz

In einer Langzeituntersuchung an 698 Kinder mit sozialen und medizinischen Risikofaktoren zeigte sich, dass circa ein Drittel von Ihnen sich trotz dieser Widrigkeiten sehr positiv entwickelte. Diese Kinder waren resilient.

Werner, E. (1977). The Children of Kauai. A longitudinal study from the prenatal period to age ten, University of Hawai'i Press

Zeitgleich hat sich in der Psychologie der Fokus des Interesses weg von der Motivation hin zur Volition, also den Wegen der Zielumsetzung, verschoben. Nachdem lange Zeit der innere Antrieb als maßgeblicher Schlüssel für konsequentes Verhalten gegolten hatte, zeigte sich mehr und mehr, dass der Wille allein nicht ausreicht.

Trotz unterschiedlichen Ursprungs haben Resilienz- und Volitionsforschung eine Gemeinsamkeit: Beide verweisen auf eine entscheidende innere Haltung. Menschen, die ihren Absichten Taten folgen lassen, empfinden sich als wirkungsvoll. Der Amerikaner Albert Bandura prägte dafür den Begriff der „Selbstwirksamkeit“. Er beschreibt damit den Glauben, durch eigene Handlungen, Situationen im Leben gestalten zu können [‹›].

Glaube an die Selbstwirksamkeit

Studien konnten zeigen, dass eine „fördernde Selbstwirksamkeitserwartung“ sogar eine Steigerung der Immunabwehrkräfte hervorruft und auch Heilungsverläufe positiv beeinflusst.

Briet, J. P. et al. (2016). Factors associated with pain intensity and physical limitations after lateral ankle sprains, Injury, 47, 11, 2565-2569

Diesem Glauben steht jedoch manches im Wege.

Ist man unzufrieden mit einer Situation, klebt man gedanklich an der als misslich empfundenen Lage. Davon vereinnahmt, bleiben Lösungswege auf der Strecke.

Keine Zeit fürs Fitnessstudio. Wieder versäumt, die wichtigen Dateien zu sichern. Keine Lust auf das heikle Gespräch.

Grübeln über die leidige Situation bindet gedankliche Ressourcen und führt zu unangenehmen Empfindungen. Es sei betont, dass anfänglich sorgenreiches Grübeln durchaus hilfreich ist. Dadurch werden Gründe für das Missliche ausgeleuchtet und man versteht, dass man einen Leidens-, also Handlungsdruck hat. Unerschrockene Frohnaturen fahren auch nicht gut, wenn sie vor lauter Zuversicht das nächste Kölsch bestellen und handfeste Probleme ignorieren.

Manchmal schafft man es jedoch nicht, sich vom bekümmerten Grübeln zu lösen. Gebannt starrt man auf die Hindernisse und behält nur diese im Blick. Kommt man aber ins Schleudern, muss man die freie Fahrbahn und nicht die bedrohlichen Leitplanken im Blick behalten und vor dem Tor muss man die freie Ecke und nicht den Torwart fixieren. Rennfahrer und Fußballprofis lernen, diese Impulse zu unterdrücken.

Kreisen wir nur um das Missliche und ärgern uns über Verpasstes, schaukeln sich negative Emotionen hoch. Davon ermüdet, setzt bei uns ein Verdrängungsmechanismus ein. Ärgert man sich lange, aber folgenlos über den vollgerumpelten Keller, verdrängt man dies endlich und erlebt eine wohltuende Erleichterung – bis man wieder hinabsteigt und etwas sucht. Eine schwer aufzulösende Dynamik nimmt ihren Lauf – jedes erleichternde Vermeidungsverhalten führt weg vom notwendigen Impuls, eine Lösung auf den Weg zu bringen.

Wie legt man nun dysfunktionale Strategien ab und kommt zu einem lösungsorientierten Handeln?

Der erste Grundsatz lautet: Nicht an das Problem, sondern an die Lösungswege denken. Dies ist einfacher geschrieben als getan.

Bemerkenswerterweise liegen die meisten Lösungen auf der Hand. Man muss sie nur in klare Gedanken und Sprache fassen. Hier hilft aufschreiben und anderen die Absichten mitteilen. „Nächsten Samstag während der Konferenzschaltung im Radio miste ich den Keller aus." Aussprechen oder aufschreiben schärft und klärt die Absicht und baut einen (sanften) sozialen Druck auf. Selbsthilfevereine wie die Weight Watchers oder die Anonymen Alkoholiker nutzen diese Mechanismen sehr erfolgreich. Vor einer Gruppe seine Vorsätze zu beschreiben, lenkt die eigene Aufmerksamkeit und führt zu einer Selbstverpflichtung. In der Therapie spricht man hier vom Commitment – also von einem Vertrag mit sich selbst, seinem Leben einen Impuls in die gewünschte Richtung zu geben.

Die Forschung zeigt, dass es dabei entscheidend ist, vage Absichten möglichst präzise auszuformulieren. Hat man sich vorgenommen, ins Fitnessstudio oder Joggen zu gehen, ist es entscheidend, diese Absicht zu konkretisieren: „Von nun an gehe ich jeden Dienstag um 18:30 Uhr laufen." Im Kalender ist es bis auf Weiteres notiert, die Familie ist informiert und die Verabredung mit einem Laufpartner steht.

So weit, so gut.

Nehmen wir an, der Laufpartner hat wegen Regenwetter abgesagt und man selbst ist ebenfalls maximal lustlos. Bequem auf dem Sofa liegen oder alleine im Regen eine Runde ziehen? Die warme Alternative kann verführerisch sein.

Hier kommt nun ein entscheidender gedanklicher Trick ins Spiel.

Man hält an Absichten fest, wenn man beharrlich

an das angenehme Gefühl denkt, welches einer erfolgreichen Umsetzung folgt. Die lebhafte Vorstellung, nach dem Laufen frisch geduscht und mit wohligem Körpergefühl auf dem Sofa zu liegen, muss den verführerischen Vermeidungsimpuls toppen. Diese Strategie, seine Gedanken auf das wohltuende Befinden als Folge des Erreichens eines Zieles zu fixieren, nennt man die Fähigkeit zum Belohnungsaufschub. Egal, ob Laufen, Keller ausmisten oder Vokabeln lernen, die Aussicht darauf ist nicht immer die pure Freude. Die nachfolgenden Zustände, die man damit erreichen möchte – Entspannung, Ordnung oder Sprachkenntnisse – sind die Belohnung. Diese muss man sich lebhaft ausmalen und Vermeidungsimpulse dadurch unterdrücken.

Voraussetzung ist, dass man tatsächlich an die positive Wirkung einer Handlung glaubt. Bezweifelt man die Wirksamkeit von Yoga, ist keine belohnende Vorstellung aufrechtzuerhalten. In diesem Fall entstammt der Wunsch vielleicht weniger einem inneren Antrieb als einem äußeren Zeitgeist.

Herausbildung von Gewohnheiten

Die Anschnallpflicht ist ein Beispiel, wie man die Gewohnheit einer ganzen Nation verändert hat. Heute bedarf es weder Aufklärung noch Strafe – die allermeisten schnallen sich automatisch an und empfänden es nun abwegig, ohne Gurt Auto zu fahren.

Zudem verhindern unbewusste Routinen das Einschlagen neuer Pfade. Automatisierte Verhaltensweisen sind hilfreich und effizient – außer man möchte sein Verhalten ändern. Stündlich ein Glas Wasser zu trinken, ist nicht nur bei warmem Wetter für die Konzentration, das Wohlbefinden und die Gesundheit förderlich. Obwohl hinreichend bekannt und einfach umzusetzen, fällt es einem schwer. Man muss etwas lange Zeit konsequent beherzigen, erst dann bilden sich neue Gewohnheiten heraus. Ohne das Umfeld einzubinden, Glas und Wasser zur Hand zu haben, sich Aufforderungsreize zu setzen und an die Wirkung zu glauben, wird man es wohl kaum schaffen.

Bei langwierigen Vorhaben sind überdies angemessene und erreichbare Ziele unerlässlich. Fühlt man sich etwa mit seinem Gewicht unwohl, sind nicht radikale, kaum auszuhaltende Diäten, sondern ist eine langfristige Umstellung von Ernährungs- und Bewegungsgewohnheiten erfolgreich.

Einmal auf gutem Weg, bedrohen schließlich anfängliche Misserfolge unser Vorhaben. Misserfolge sollten deswegen als wichtige Erfahrung darüber betrachtet werden, wie etwas nicht gelingt. Der unermüdliche Tüftler Thomas A. Edison hat, angesprochen auf seine tausendfach gescheiterten Versuche, aus Elektrizität Licht zu erzeugen, geantwortet, er sei stolz darauf, tausend Wege gefunden zu haben, wie es nicht klappt.

Resilienz und Wirksamkeit fußen nicht zuletzt darauf, Fehlschläge positiv zu deuten, da man durch sie erkennt, was für einen nicht funktioniert. Firmen wie Google haben das „kreative Scheitern" perfektioniert. Der Leiter von Google X, Astro Teller, belohnt seine Mitarbeitenden mit ansehnlichen Boni für gescheiterte Projekte. Ein erfolgreiches Projekt setzt mindestens 99 Fehlschläge, also Lernschleifen, voraus.

Es sei betont, dass es legitim ist, Vorhaben abzubrechen und Ziele aufzugeben. Bedauernswert ist es nur, wenn Frustrationen, Leidensdruck, berufliche oder gesundheitliche Nachteile entstehen oder es im Nachhinein bereut wird.

Vom Wollen zum Tun in sechs Schritten

Eine Auseinandersetzung mit eigenen Schwächen, aufgrund von Vermeidung und Trägheit ist eine heikle Sache, löst dies doch frustrierende Empfindungen aus. Gerne führt man deswegen äußere Gründe ins Feld. Dieses Phänomen wird in den Wissenschaften als fundamentaler Attributionsfehler bezeichnet. Demnach werden Misserfolge bevorzugt den äußeren Umständen und nur Erfolge sich selbst zugesprochen. Ist ein Arbeitsteam erfolgreich, sieht es die Führungskraft als Resultat ihrer glänzenden Führungskünste. Ist ein Team erfolglos, hat es das Team selbst vermasselt. Der eigene Anteil daran wird dann ausgeblendet (*empaclip.de/250*).

Interessanterweise beurteilt man dies bei den Mitmenschen eher umgekehrt. Deren Erfolge scheinen den günstigen Umständen geschuldet und deren Misserfolge führen wie auf deren individuellen Schwächen zurück.

Eine rosarote Sicht auf die eigenen Fähigkeiten und die tendenzielle Abwertung der Mitmenschen hat durchaus einen psychischen Nutzen. Fördert dies doch das Selbstbewusstsein und hilft, mit Niederlagen umzugehen.

Sieht man sich jedoch nicht als Verursacher frustrierender oder misslicher Situationen, besteht weder Einsicht noch Motivation, bessere Verhaltensstrategien auszuprobieren. Nicht nur im Arbeitsleben sind wiederkehrende, frustrierende Erfahrungen die Folge.

Für den steinigen Weg vom Wollen zum Tun sind Einsicht und der Wille, etwas zu ändern, also eine grundlegende Voraussetzung. Für die weiteren Schritte bemüht man in der Volitionsforschung gerne das Bild des Rubikons. Als Cäsar auf dem Weg nach Rom diesen nahen Fluss mit seinem Heer überschritt, galt es als Hochverrat, und nur die eigene Machtergreifung konnte das Leben des Feldherrn retten. Es gab für ihn kein Zurück mehr, die viel zitierten Würfel waren gefallen.

Selbst wenn man die Absicht hat, etwas zu ändern, bleibt man oft vor dem Rubikon stehen. Denn es wird versäumt, vage Vorhaben in konkrete Schritte zu überführen. Man konzentriert sich nicht auf die Belohnung, die mit dem Ergebnis einer Anstrengung einhergeht, sondern verharrt emotional und gedanklich im Misslichen und macht äußere Umstände dafür verantwortlich. Man ist gebannt von den bedrohlichen Tiefen des Flusses und übersieht die Brücke am Horizont oder die Möglichkeit, selbst eine zu bauen.

Wir alle kennen jedoch Situationen, in denen wir unermüdlich Ziele verfolgen. Etwa stundenlanges Recherchieren im Rahmen einer Urlaubsvorbereitung. Eine solche Recherche geht mit Belohnungsaufschüben, angeheizt von Hochglanzfotographien, einher. Diese treiben einen an, zahlreiche Vergleiche und Optionen zu prüfen und zeit- und geldraubende Buchungsvorgänge abzuschließen. Die lebhafte Vorstellung einer belohnen Aussicht lässt sich auch auf andere Vorhaben übertragen, die nicht so unmittelbar schöne Bilder vor dem geistigen Auge produzieren.

Im Arbeitsleben kommt die Frage des Knowhows hinzu. Also das Vermögen, um die richtigen Strategien und Methoden zum richtigen Zeitpunkt zu wissen. Einmal Gehörtes und Gelesenes ist schnell ver-

Der Tu-Effekt

An Handlungen kann man sich besser erinnern als an Gehörtes, Gelesenes und Gesehenes.

Engelkamp, J. (1997). Das Erinnern eigener Handlungen. Göttingen, Hogrefe

gessen. Abbildungen oder bewegte Bilder bleiben länger haften. Will man sich jedoch langfristig etwas zu eigen machen, hat Ausprobieren den mächtigsten Erinnerungseffekt. Durchs Handeln verarbeiten verschiedene sensorische und motorische Systeme die Informationen und bahnen vielfältige Erinnerungen im Gehirn. In der Lernpsychologie spricht man von der Wirkung des „Tu-Effektes" oder auch vom Erfahrungslernen [‹›].

Die Durchführung einer Handlung unterstützt aber nicht nur die Gedächtnisleistung, sondern erhöht darüber hinaus den Glauben an die eigene Selbstwirksamkeit. Man überzeugt sich davon, etwas erfolgreich ausführen zu können. Dies fördert den Wunsch, die Handlung zu wiederholen und es nach und nach ins feste Verhaltensrepertoire zu übernehmen. Kein Fachbuch und keine Weiterbildung haben nachhaltige Wirkungen, wenn Inhalte nicht in der Praxis erprobt werden.

In Kürze lässt sich in sechs Schritten festhalten, was zu tun ist, um gewünschte Vorhaben mit Leben zu füllen:

1. **Ziele**: Was ist die Problemstellung? Was soll sich ändern? Wo will ich hin?

→ Beschreibung eines konkret-gewünschten Zielzustands

2. **Belohnungsaufschub**: Wieso lohnen sich die Mühen? Welche positiven Ergebnisse werden erreicht? Welche Vorteile hat man dadurch? Wie würde sich ein Erfolg anfühlen?

→ Vorstellung des angenehmen Zustands, der mit einem Erreichen des Ziels einhergeht

3. **Wege**: Welche Aktivitäten sind dazu notwendig? Was muss man selbst tun, um dem Ziel und angestrebten Zustand näherzukommen?

→ Lösungswege beschreiben

4. **Planung**: Was genau muss man wann wie tun? Zu welchen Zeiten, an welchen Orten und wie oft?

→ Aktivitäten, Zeiten und Orte präzise festlegen

5. **Verankerung**: Welche Einträge sind in den Kalender vorzunehmen? Welche Verabredungen mit Dritten oder im Team sind zu treffen? Wem teilt man sein Vorhaben mit?

→ Verbindlichkeit schaffen

6. **Ausführung**: Was ist jetzt zu tun? Was sind die nächsten Schritte?

→ Konsequente und unmittelbare „Umsetzung" des Plans

Auf *kunstderarbeit.de* finden Sie einen „Aktionswürfel" zum Ausdrucken, der durch diese sechs Schritte leitet.

Nachwort

In der Einleitung dieses Buches habe ich darauf verwiesen, dass es an Ratgebern und Wissen nicht fehlt. Entscheidend ist es, neue Ideen und Konzepte auch umzusetzen. Ich hoffe, ich kann Sie mit dem vorliegenden Buch nicht nur motivieren, sondern auch aktivieren, methodenorientiert im Arbeitsleben vorzugehen.

Es gibt leider nicht den einen Ansatz oder das eine Patentrezept. Die Kunst der Arbeit setzt sich aus einer Vielzahl von Ideen, Strategien, Techniken und Methoden zusammen. Umso mehr man von diesen kennt, umso besser findet man sich im Arbeitsleben zurecht. Vieles erfordert zu Anfang durchaus Mühen. Der Ertrag ist diese aber allemal wert.

Dieses Buch dient in erster Linie dazu, Ursprünge und Hintergründe vieler arbeitswissenschaftlicher Ideen und Methoden nachvollziehbar darzulegen. Zu diesem Buch werden regelmäßig kurze *empaclips* veröffentlicht werden, um Methoden und Techniken zu veranschaulichen und bei Bedarf griffbereit zu haben. Andere Themen werden in weiteren, kurzen Publikationen vertieft. Mehr dazu auf *kunstderarbeit.de*.

Tim Hagemann 2019

empaclip

Jeden **1.** & **3. Dienstag** um **13** Uhr

mehr dazu unter kunstderarbeit.de

home of information

15 Komponenten wirksamer Führung

Praxisbuch „Führung"

Führungskräfte prägen ein Unternehmen. Sie stellen sicher, dass die einzelnen Arbeitsbereiche und damit das Geschäftsmodell funktionieren, und sie sind für Mitarbeitende Orientierungspunkte, an denen sich das Verhalten und in der Folge die Unternehmenskultur ausrichtet. Eine wirksame Führung der Mitarbeitenden ist keine „Magie". Aber die damit verbundenen Aufgaben lösen sich nicht von selbst, sondern benötigen Wissen und Know-how.

Es sind überschaubare Handlungen und Methoden, die den Unterschied ausmachen. Das Praxisbuch „Führung" greift in 15 kurzen Kapiteln Inhalte aus dem Buch Kunst der Arbeit auf und führt diese weiter aus. Jedes Kapitel widmet sich einer Komponente wirksamer Führung. Zudem findet sich eine Darstellung von Vorgehensweisen, Instrumenten und Empfehlungen, die eine mühelose Umsetzung in den Arbeitsalltag ermöglichen.

Die wesentlichen Inhalte werden zur besseren Veranschaulichung auch in begleitenden Multimedia-Publikationen dargestellt.

Das *Praxisbuch „Führung"* besteht aus ...

... einem Arbeitsbuch mit kurzen inhaltlichen Erläuterungen und einer Vielzahl von Instrumenten und Vorlagen,
... multimedialen Einheiten zur Veranschaulichung der Inhalte
... und kurzen *empaclips* zur Darstellung einzelner Methoden.

Mehr Informationen zu diesem Buch finden Sie auch unter *kunstderarbeit.de*.

Tim Hagemann
Die Kunst der Arbeit: Praxisbuch „Führung"
Multimediales Arbeitsbuch mit Vorlagen
Hardcopy & multimediale Einheiten
ISBN 978-3-948575-03-8
18 €
Polyvalenz Verlag Herford
www.polyvalenz.de

Psychische Gefährdungsbeurteilung

Praxisbuch „Psychische Gefährdungsbeurteilung"

Seit Ende 2013 sind Unternehmen gesetzlich dazu verpflichtet, psychische Gefährdungsbeurteilungen vorzunehmen. Leider sind die gesetzlichen Vorgaben zur Verringerung von psychischen Belastungen nicht hilfreich formuliert. Denn gesund ist nicht ein belastungsarmer, sondern vielmehr ein erfüllter Arbeitstag. Es geht um die richtige Balance von Anforderungen, Ressourcen und Schutzfaktoren.
Gut umgesetzt, sind psychische Gefährdungsbeurteilungen für eine gesundheits- und leistungssichernde Balance äußerst hilfreich. Das vorliegende Praxisbuch besteht aus einer Einführung in das Thema, in der die inhaltlichen, organisatorischen und gesetzlichen Anforderungen anschaulich beschrieben werden. Weiterhin beinhaltet es eine Anleitung zur sicheren und wirksamen Durchführung einer psychischen Gefährdungsbeurteilung, die in jedem Arbeitsbereich einfach umzusetzen ist. Abschließend finden sich Empfehlungen zum Umgang mit typischen psychischen Belastungen und zur Gestaltung gesundheitsförderlicher Arbeitsbedingungen.
Der Autor führt seit vielen Jahren in nahezu allen Branchen Gefährdungsbeurteilungen durch und ist als Sachverständiger zur Bewertung wirksamer und rechtssicherer Verfahren tätig.
Die wesentlichen Inhalte werden zur besseren Veranschaulichung auch in begleitenden Multimedia-Publikationen dargestellt.

Das Praxisbuch „Psychische Gefährdungsbeurteilung" besteht aus ...

... einem Arbeitsbuch mit kurzen inhaltlichen Erläuterungen und einer Vielzahl von Instrumenten und Vorlagen,
... multimedialen Einheiten zur Veranschaulichung der Inhalte
... und kurzen *empaclips* zur Darstellung einzelner Methoden.

Mehr Informationen zu diesem Buch finden Sie auch unter *kunstderarbeit.de.*

Tim Hagemann
Die Kunst der Arbeit: Praxisbuch „Psychische Gefährdungsbeurteilung"
Multimediales Arbeitsbuch mit Vorlagen
Hardcopy & Multimediale Darstellungen
ISBN 978-3-948575-06-9
69 €
Polyvalenz Verlag Herford
www.polyvalenz.de

Leitfaden Qualitätsmanagement

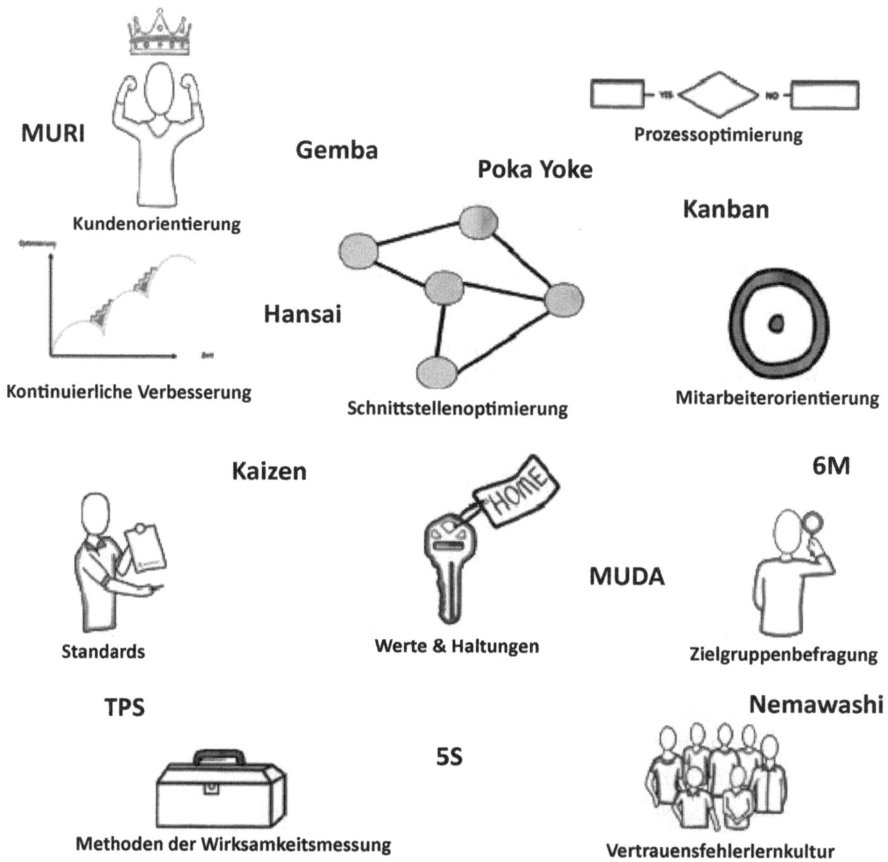

Praxisbuch „Leitfaden Qualitätsmanagement"

Der US-Amerikaner William Edwards Deming und andere haben, inspiriert durch japanische Managementideen, eine Unternehmensphilosophie entwickelt, deren Umsetzung heute als Qualitätsmanagement in jeder Fabrik, Verwaltung, Arztpraxis, Hochschule und jedem Krankenhaus Pflicht ist.
Für viele Mitarbeitende kommt die Einführung eines Qualitätsmanagements jedoch als steife Norm daher. Der Kerngedanke geht dabei verloren. Im Japanischen wird dieser durch die Lebens- und Arbeitsphilosophie Kaizen – der „stetige Wandel zum Besseren" – ausgedrückt.
Die Ideen eines Qualitätsmanagements sind nur wirkungsvoll, wenn alle Mitarbeitenden diese verinnerlicht haben. Qualitätsmanagement bietet Instrumente für alle Beschäftigten und unterstützt das strategische, normative und operative Management auf allen Ebenen.
In diesem **Praxisbuch** werden die Prinzipien, nützlichen Instrumente sowie die Vorgehensweisen beschrieben, mit deren Hilfe man spielerisch in Arbeitsteams, Abteilungen und Unternehmen ein Qualitätsmanagement im Denken und Handeln der Mitarbeitenden verankern kann.
Die wesentlichen Inhalte werden zur besseren Veranschaulichung auch in begleitenden Multimedia-Publikationen dargestellt.

Das Praxisbuch „Leitfaden Qualitätsmanagement" besteht aus ...

... einem Arbeitsbuch mit kurzen inhaltlichen Erläuterungen und einer Vielzahl von Instrumenten und Vorlagen,
... multimedialen Einheiten zur Veranschaulichung der Inhalte
... und kurzen *empaclips* zur Darstellung einzelner Methoden.

Mehr Informationen zu diesem Buch finden Sie auch unter *kunstderarbeit.de*.

Tim Hagemann
Die Kunst der Arbeit: Praxisbuch „Leitfaden Qualitätsmanagement"
Multimediales Arbeitsbuch mit Vorlagen
Hardcopy & Multimediale Darstellungen
Erscheint im Frühjahr 2020
ISBN 978-3-948575-08-3
Polyvalenz Verlag Herford
www.polyvalenz.de